Ejercicios de Física 1:

Cálculo Vectorial

© 2021 Gregorio Chenlo (@arquiteutis)

Gregorio Chenlo Romero (gregochenlo.blogspot.com)

Notas (v1):

Ejercicios de Física 1: Cálculo Vectorial

ÍNDICE DE MATERIAS

Ejercicios de Física 1: Cálculo Vectorial   **Pag:**

Dedicatoria   6

Introducción   7

Copyright   11

1: direcciones   14
2: recta y triángulos   15
3: vector de posición   16
4: vectores independientes   16
5: diagonales de un rombo   17
6: triángulo inscrito en una circunferencia   18
7: diagonales de un cubo   19
8: ángulos de un triángulo   20
9: vector perpendicular   21
10: ángulos de un paralelogramo   22
11: proyección de un vector sobre una recta   23
12: vértices de un paralelogramo   24
13: triángulos y medianas   24
14: componentes y operaciones con vectores   24
15: vectores coplanarios   25
16: producto vectorial   25
17: vectores y ecuación de la recta   26
18: volumen de un paralelepípedo   26
19: distancia del punto a una recta   26
20: ecuación del plano   27
21: vector paralelo y perpendicular   28
22: distancia de un punto a un plano   28
23: momento de un vector   29

24: Teorema de Varignon — 29
25: resultante de un sistema de vectores — 30
26: momento respecto a un punto — 32
27: centro de vectores y eje central — 32
28: momento mínimo y ecuación del eje — 34
29: centro del sistema de vectores — 35
30: ecuación del plano — 35
31: vector de superficie — 36
32: momento respecto a un eje — 37
33: vector gradiente — 37
34: vectores y derivadas parciales — 38
35: momento mínimo de un sistema — 38
36: operador Nabla — 39
37: operaciones con vectores — 39
38: ángulo entre superficies — 40
39: derivada direccional — 40
40: plano tangente y recta normal — 41
41: derivadas — 42
42: campos sumidero y manantial — 42
43: vector solenoidal — 43
44: cálculo vectorial — 44
45: vector irrotacional — 43
46: circulación y trayectoria — 44
47: circulación por segmentos y curvas — 45
48: momento respecto a un eje — 46
49: coordenadas cilíndricas ortogonales — 47
50: coordenadas cilíndricas y vectores — 48
51: momento resultante — 51
52: gradiente de un campo — 50
53: divergencia — 51
54: Teorema de Stokes — 52
55: Teorema de la Divergencia — 53
56: uso del Teorema de la Divergencia — 54
57: integral de contorno — 55
58: integral de contorno sobre una curva — 55
59: campo conservativo — 57
60: ejemplo de campo conservativo — 57
61: derivada direccional — 58
62: circulación en trayectorias — 58
63: rotacional, gradiente y divergencia — 59
64: coordenadas esféricas — 60

ANEXOS: 62

Significado de los operadores 63
Otros títulos del autor 64
Bibliografía usada y recomendada 65
Agradecimientos 66

⊖⊖⊖

Dedicatoria

A D. Lisardo Nuñez

excelente persona
excelente profesor
Emperador del Nabla

INTRODUCCIÓN

Cuando estudiaba Física en la Universidad, hace ya algún tiempo, tuve la ocasión de comprobar que muchos alumnos universitarios de las carreras de Ciencias: Física, Química, Biología, Matemáticas, Ingenierías, etc. necesitaban consultar diversos libros con ejemplos de ejercicios resueltos de la materia teórica y práctica impartida en el aula y con la finalidad fundamental de adquirir conocimientos y soltura en la resolución de ejercicios planteados en los exámenes de estas disciplinas. Igualmente, cuando hablaba con mis profesores, éstos me comentaban que se encontraban habitualmente con la necesidad de recopilar múltiples ejercicios de alguna materia concreta para preparar la clase y/o para diseñar un examen.

Este libro, parte de una serie de libros de Física con diversas materias, pretende ayudar a cubrir estas necesidades en el proceso de aprendizaje de los alumnos de primer curso de Universidad, en aquellas carreras en las que la Física es una asignatura fundamental. Para ello se exponen más de 60 ejercicios relacionados con el **Cálculo Vectorial**, con sus correspondientes esquemas, diagramas, soluciones, etc. y también con varios ejercicios adicionales donde se indica únicamente la solución o parte de ella, para que el alumno, profesor o lector pueda ejercitarse por su propia cuenta o plantear su resolución en una clase, examen, etc.

Para facilitar el proceso de aprendizaje, los ejercicios se agrupan por complejidad y aparición habitual a lo largo del curso.

En cada ejercicio se plantea el enunciado, los datos, los esquemas y gráficas y la solución con suficiente detalle para que el alumno, con una base teórica correcta, pueda seguir el desarrollo de la solución sin dificultad. Para garantizar el proceso de aprendizaje, se incluyen también ejercicios repetitivos de la misma materia pero enfocados desde diversas ópticas e incluso con diversos métodos.

No se ha querido forzar el volumen del libro, que sea un manual práctico, de rápida consulta y por lo tanto no se ha incluido teoría alguna sobre las materias abordadas, aunque si se añaden las explicaciones necesarias para la comprensión de cada ejercicio.

La materia tratada en este libro se enmarca únicamente dentro de la disciplina de Física Clásica no Relativista y que está incluida en el temario de la asignatura de Física del primer curso universitario de la mayoría de las carreras en las que se incluye la Física como asignatura principal.

Para otras materias, también del grupo de Física Clásica no Relativista, no incluidas en este libro como las siguientes, se puede consultar mi libro: **"400 Ejercicios Resueltos de Física Universitaria"** también disponible en Inglés e Italiano en www.amazon.es en el siguiente enlace.

papel　　　　　　　　ebook

Ejercicios de Física 1: Cálculo Vectorial

- Vectores
- Campos
- Mecánica clásica
- Movimiento ondulatorio
- Fuerzas centrales
- Gravitación
- Elasticidad
- Estática y Dinámica de fluidos
- Termometría
- Calorimetría
- Termodinámica
- Campo eléctrico
- Campo magnético
- Corriente continua
- Corriente alterna

Al final del libro se incluye alguna bibliografía y otros datos de interés, que pueden usarse como referencia, consulta general o para la resolución de estos y otros ejercicios.

Más información en:

gregochenlo.blogspot.com

Gregorio Chenlo Romero (gregochenlo.blogspot.com)

Otros títulos del autor en www.amazon.es

"Domótica con Raspberry©, Google© y Python©" (Ed-1)
"Domótica con Raspberry©, Google© y Python©" (Ed-2)
"Home Automation with Raspberry©, Google© & Python©"
"Electrónica divertida con Raspberry©"
"Elettronica divertente con Raspberry©"
"Electrónica y Domótica con Raspberry©"
"400 Ejercicios Resueltos de Física Universitaria"
"400 Solved Exercises of University Physics"
"400 Esercizi Risolti di Fisica Universitaria"
"Ejercicios de Física: 1 Cálculo Vectorial"
"Ejercicios de Física: 2 Mecánica Clásica"
"Ejercicios de Física: 3 Mecánica de Fluidos"
"Ejercicios de Física: 4 Calorimetría y Termodinámica"
"Ejercicios de Física: 5 Campo Eléctrico y Magnético"
"Ejercicios de Física: 6 Corriente Continua y Alterna"
"Algebra y Análisis en Carreras Universitarias"
"50 Poesías sin Título"
"Pescando Tiburones"
"Pescando Squali"

☉☉☉

©COPYRIGHT

El autor de este libro es Gregorio Chenlo Romero, que se reserva todos los derechos que la Ley le otorgue en cada región donde se publique este libro, tanto en la actualidad como en el futuro.

Este libro, en su 1ª edición, se publicó en Marzo de 2021 y le aplican todos los derechos de autor que la Ley Española le otorga ya desde el mismo momento de su publicación.

Reservados todos los derechos. Queda rigurosamente prohibida, sin la autorización escrita del titular de este copyright, bajo las sanciones establecidas en las leyes vigentes, la reproducción total o parcial del texto, tablas, esquemas, dibujos, etc. incluidas en esta obra, por cualquier medio o procedimiento, incluidos la reprografía, el tratamiento informático o la distribución de ejemplares mediante el alquiler o préstamo públicos.

El autor recopiló, como alumno, la información aquí incluida en las clases públicas de la Universidad Pública en la que cursó sus estudios de Física, por lo que se entiende que la información puede ser utilizada para ayudar a otros alumnos en los estudios universitarios de Física o similares.

El autor declina toda responsabilidad que los lectores, otras personas, terceros, empresas, etc. puedan realizar por su cuenta por el uso de la información aquí descrita.

Gregorio Chenlo Romero (gregochenlo.blogspot.com)

A pesar de que todo lo descrito en este libro, ha sido revisado y contrastado con el mayor interés posible, el autor también declina cualquier responsabilidad por las incorrecciones e inexactitudes que pudieran existir en esta obra.

Finalmente indicar que se adjuntan algunas referencias bibliográficas usadas, reafirmando los derechos que les puedan corresponder y declinando cualquier responsabilidad, garantía, etc. consecuencia de la variación, desaparición , etc. de dichas fuentes de información, tanto en su totalidad como en parte de las mimas.

⊖⊖⊖

Cálculo Vectorial

1: direcciones

Dos ciudades **A y B** están situadas, una enfrente a la otra, en las orillas de una ría de **8km** de ancho, siendo la velocidad del agua de **4km/h**. Un hombre en la posición **A** quiere ir a la posición **C**, que se encuentra a **6km** de **B**, corriente arriba, en su misma rivera. Si la embarcación que utiliza tiene una velocidad máxima de **10km/h** y desea llegar a **C** en el menor tiempo posible:

 a) ¿Qué dirección debe tomar?
 b) ¿Cuánto tiempo necesita para conseguirlo?

SOLUCIÓN:

$Si: V_r = 4\,km/h$, $V_b = 10\,km/h$ y V=velocidad real del bote

a)

$$V_b^2 = V_r^2 + V^2 - 2V_r V \cos(90° + \beta)$$

$$V_b^2 = V_r^2 + V^2 + 2V_r V \sin\beta, \quad\quad donde: \quad \tan\beta = 6/8$$
$$\beta = \arctan(6/8) = 36° 52'$$

$$10^2 = 4^2 + V^2 + 8V\sin(36°52), \quad donde: \; V = 7{,}07\,km/h$$

$$V^2 = V_b^2 + V_r^2 - 2V_b V_r \cos\alpha, \quad donde: \boldsymbol{\alpha = 34° 24'}$$

b)

$\overline{AC} = \sqrt{6^2 + 8^2} = 10\,km$
y como: $v = s/t$, entonces: $t = s/v$, y así: $t = (10/7{,}07) = \boldsymbol{1h\,25'}$

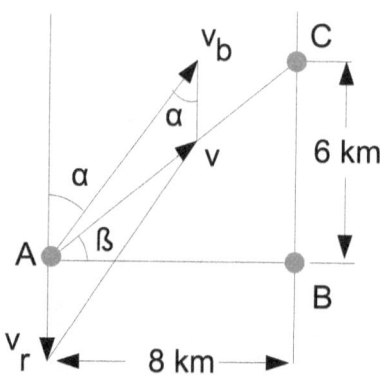

Ejercicios de Física 1: Cálculo Vectorial

2: recta y triángulos

Demostrar que la recta que une los puntos medios de dos lados de un triángulo, es paralela al tercer lado e igual a su mitad.

SOLUCIÓN:

Veamos si: $\overrightarrow{DE} = \dfrac{\overrightarrow{AC}}{2}$ y $\overrightarrow{DE}$ *es paralela a* $\overrightarrow{AC}$

$-\overrightarrow{ED} = \overrightarrow{DB} + \overrightarrow{BE} \Rightarrow \overrightarrow{ED} = -\overrightarrow{DB} - \overrightarrow{BE}$

$\overrightarrow{DB} = \overrightarrow{AB}/2$ y $\overrightarrow{BE} = \dfrac{\overrightarrow{BC}}{2}$

$\overrightarrow{ED} = \dfrac{-\overrightarrow{AB}}{2} - \dfrac{\overrightarrow{BC}}{2} = -\overrightarrow{AB} + \dfrac{\overrightarrow{BC}}{2} = \dfrac{\overrightarrow{CA}}{2}$ *que demuestra la segunda parte.*

$\overline{DB}^2 = \overline{BE}^2 + \overline{ED}^2 - 2\,\overline{BE}*\overline{ED}\cos(\alpha)$, *así*:

$\cos(\alpha) = \dfrac{\overline{BE}^2 + \overline{ED}^2}{2\,\overline{BE}*\overline{ED}} - \dfrac{\overline{DB}^2}{2\,\overline{BE}*\overline{ED}}$, *y además*:

$\overline{AB}^2 = \overline{BC}^2 + \overline{CA}^2 - 2\,\overline{BC}*\overline{CA}\cos(\alpha') \Rightarrow \alpha' = \dfrac{\overline{BC}^2 + \overline{CA}^2 - \overline{AB}^2}{2\,\overline{CB}*\overline{CA}}$

que para ser paralelos, ha de cumplirse que:

$\alpha = \alpha'$, *así como*: $\overline{BE} = \dfrac{\overline{BC}}{2,}$ *entonces*:

$\cos\alpha \dfrac{\overline{BC}^2 + \overline{CA}^2 - \overline{AB}^2}{2\,\overline{BC}\,4/2\,\overline{CA}/2} = \dfrac{\overline{BC}^2 + \overline{CA}^2 - \overline{AB}^2}{2\,\overline{CB}*\overline{CA}} = \cos\alpha'$; ***entonces son paralelos***.

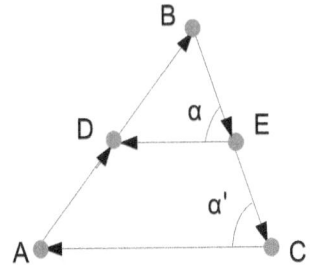

3: vector de posición

Sean $\vec{p}$ y $\vec{q}$ los vectores de posición respecto de un origen **O**, de los puntos **P** y **Q**. Por otra parte sea **R** un punto que divide al segmento $\overline{PQ}$ en la relación **n/m**. Demostrar que el vector de posición de **R** es de la forma:

$$\vec{r} = \frac{m\vec{p} + n\vec{q}}{m+n}$$

SOLUCIÓN:

$$\frac{\overline{PR}}{\overline{RQ}} = \frac{n}{m} = \frac{\overline{PR} * \vec{u}_o}{\overline{RQ} * \vec{u}_o} = \frac{\overrightarrow{PR}}{\overrightarrow{RQ}}, \quad \text{por otra parte:}$$

$$\vec{r} = \vec{p} + \overrightarrow{PR} = \vec{p} + \overrightarrow{RQ}\frac{n}{m} \quad y \text{ además: } \overrightarrow{RQ} = \vec{q} - \vec{r}, \quad \text{por lo tanto:}$$

$$\vec{r} = \vec{p} + (\vec{q} - \vec{r})\frac{n}{m} \quad \text{entonces:} (1 + \frac{n}{m})\vec{r} = \vec{p} + \vec{q}\frac{n}{m} =$$

$$= (\vec{p} + \vec{q}\frac{n}{m})/((m+n)/m) = (m\vec{p} + n\vec{q})/(m+n) = \vec{r}$$

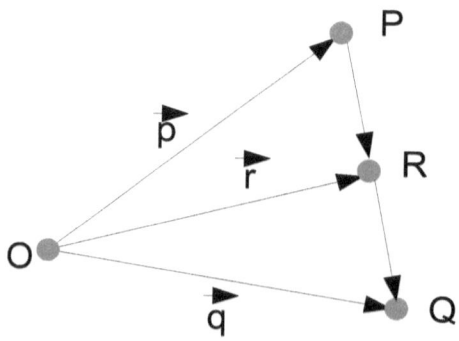

4: vectores independientes

En cada uno de los casos siguientes determinar, si los vectores dados, son o no **linealmente independientes**.

Ejercicios de Física 1: Cálculo Vectorial

SOLUCIONES:

a)

$\vec{A} = 2\vec{i} + \vec{j} - 3\vec{k}$
$\vec{B} = \vec{i} - 4\vec{k}$
$\vec{C} = 4\vec{i} + 3\vec{j} - \vec{k}$

Y si: $a\vec{A} + b\vec{B} + c\vec{C} = 0$, siendo: $a = b = c = 0$, entonces:
los vectores: $\vec{A}, \vec{B}, \vec{C}$ serian independientes

$a(2\vec{i} + \vec{j} - 3\vec{k}) + b(\vec{i} - 4\vec{k}) + c(4\vec{i} + 3\vec{j} - \vec{k}) = 0$

$\begin{aligned} 2a + b + 4c &= 0 \\ a + 3c &= 0 \\ -3a - 4b - c &= 0 \end{aligned}$ entonces: $\begin{vmatrix} 2 & 1 & 4 \\ 1 & 0 & 3 \\ -3 & -4 & -1 \end{vmatrix} = -16 - 9 + 1 + 24 = 0,$

por lo tanto, los vectores **son linealmente dependientes.**

b)

$\vec{A} = \vec{i} - 3\vec{j} + 2\vec{k}$
$\vec{B} = 2\vec{i} - 4\vec{j} - \vec{k}$
$\vec{C} = 3\vec{i} + 2\vec{j} - \vec{k}$

Veamos si: $a(\vec{i} - 3\vec{j} + 2\vec{k}) + b(2\vec{i} - 4\vec{j} - \vec{k}) + c(3\vec{i} + 2\vec{j} - \vec{k}) = 0$

$\begin{aligned} a + 2b + 3c &= 0 \\ -3a - 4b + 2c &= 0 \\ 2a - b - c &= 0 \end{aligned}$

entonces: $\begin{vmatrix} 1 & 2 & 3 \\ -3 & -4 & 2 \\ 2 & -1 & -1 \end{vmatrix} = 41 \neq 0,$

por lo tanto, los vectores **son linealmente dependientes.**

5: diagonales de un rombo

Demostrar, aplicando el **producto escalar** de dos vectores, que las diagonales de un rombo se cortan perpendicularmente.

SOLUCION:

$\vec{AC} * \vec{DB} = 0$
$\vec{AC} = \vec{AB} + \vec{BC}$
$\vec{DB} = \vec{DA} + \vec{AB}$, *por lo tanto*:

$\vec{AC} * \vec{DB} = \vec{AB} * \vec{DA} + (\vec{AB})^2 + \vec{BC} * \vec{DA} + \vec{BC} * \vec{AB}$, *y como*:

$\vec{BC} = -\vec{DA}$, *entonces*:

$\vec{AC} * \vec{DB} = \vec{AB} * \vec{DA} + (\vec{AB})^2 - (\vec{BC})^2 - \vec{AB} * \vec{DA}$, *y por tanto*:

$\vec{AC} * \vec{DB} = (\vec{AB})^2 - (\vec{BC})^2 = \vec{AB} - \vec{BC} = 0$, *con lo que* **son perpendiculares**.

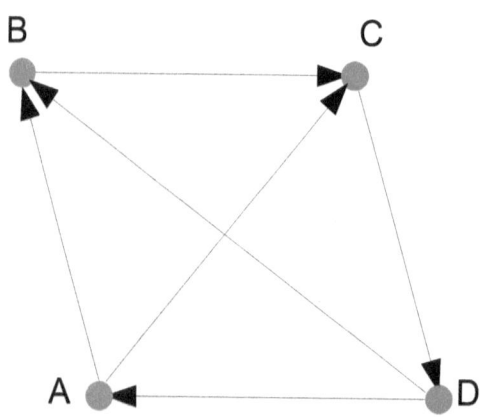

6: triángulo inscrito en una circunferencia

Demostrar que dado cualquier triángulo inscrito en una circunferencia y de hipotenusa el diámetro, es rectángulo.

SOLUCIÓN:

Ejercicios de Física 1: Cálculo Vectorial

Tendremos que ver si : $\vec{AB} * \vec{CB} = 0$

$\vec{AB} = \vec{AO} + \vec{OB}$
$\vec{CB} = \vec{CO} + \vec{OB}$ *y:*
$\vec{CO} = -\vec{AO}$,   *entonces* :

$\vec{CB} = \vec{OB} - \vec{AO}$,   *esto es*:

$\vec{AB} * \vec{CB} = \vec{AO} * \vec{OB} - (\vec{AO})^2 + (\vec{OB})^2 - \vec{OB} * \vec{AO} = (\vec{OB})^2 - (\vec{AO})^2 = 0$,
pues : $\vec{OB} = r = \vec{AO}$

Por lo tanto $\vec{AB}$ *es perpendicular a* $\vec{CB}$ *y* **el triángulo es rectángulo**.

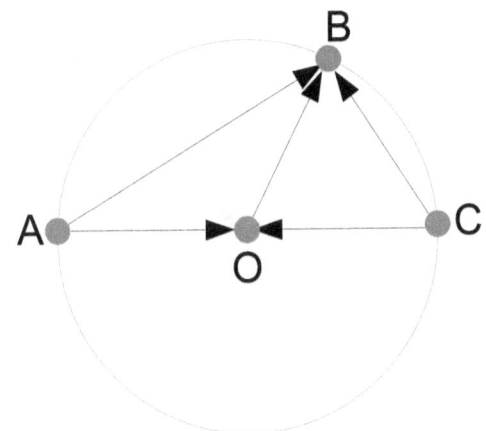

7: diagonales de un cubo

Calcular el ángulo formado por dos de las diagonales internas de un cubo.

SOLUCIÓN:

$$\vec{d}_1 * \vec{d}_2 = //\vec{d}_1 //*//\vec{d}_2 // \cos\alpha$$
$$\vec{d}_1 = a\vec{i} + a\vec{j} + a\vec{k}$$
$$\vec{d}_2 = a\vec{i} - a\vec{j} + a\vec{k} \qquad \text{por lo tanto:}$$

$$//\vec{d}_1// = \sqrt{a^2 + a^2 + a^2} = a\sqrt{3} = //\vec{d}_2// \quad \text{y entonces:}$$

$$\frac{\vec{d}_1 * \vec{d}_2}{//\vec{d}_1//*//\vec{d}_2//} = \frac{a^2 - a^2 + a^2}{a\sqrt{3}\,a\sqrt{3}} = 1/3, \quad \text{y así:}$$

$$\alpha = \arccos(1/3) = \mathbf{70°\,31'\,43''}$$

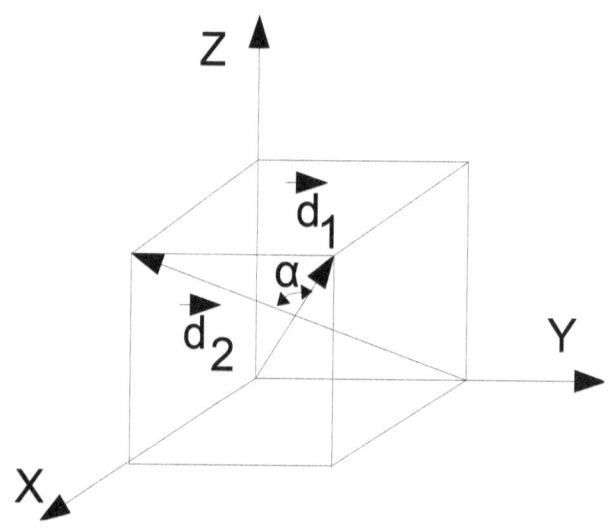

8: ángulos de un triángulo

Dos lados de un triángulo son los vectores siguientes:

$$\vec{A} = 3\vec{i} + 6\vec{j} + 2\vec{k}$$
$$\vec{B} = 4\vec{i} - \vec{j} + 3\vec{k}$$

Ejercicios de Física 1: Cálculo Vectorial

Calcular los ángulos del triángulo.

SOLUCIÓN:

$\vec{C} = \vec{A} + \vec{B}$
$\vec{C} = 7\vec{i} - 5\vec{j} + \vec{k}$, *por lo tanto:*

$\cos\alpha = \dfrac{\vec{A} * \vec{C}}{||\vec{A}|| * ||\vec{C}||}$, *y de esta manera:*

$\alpha = 36° 4' 14''$ *y análogamente:* $\beta = 53° 55' 45''$

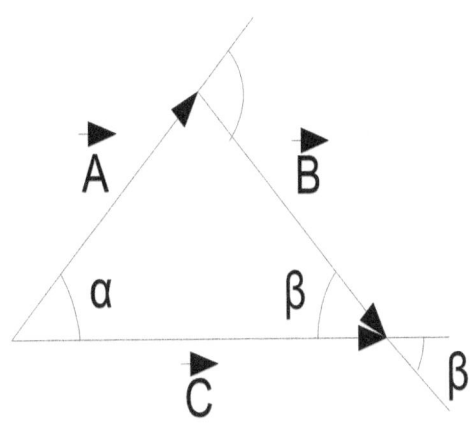

9: vector perpendicular

Dados los vectores siguientes:

$\vec{A} = 4\vec{i} - \vec{j} + 3\vec{k}$
$\vec{B} = -2\vec{i} + \vec{j} - 2\vec{k}$

Encontrar el vector unitario perpendicular a ambos vectores.

SOLUCIÓN:

$\vec{C} \perp \vec{A}$ *son perpendiculares*
$\vec{C} \perp \vec{B}$ *son perpendiculares y además* :
$\vec{C} = \vec{A} \times \vec{B}$,   *por lo tanto* :

$$\vec{A} \times \vec{B} = \begin{vmatrix} \vec{i} & \vec{j} & \vec{k} \\ 4 & -1 & 3 \\ -2 & 1 & -2 \end{vmatrix} = -\vec{i} + 2\vec{j} + 2\vec{k} = \vec{C}, \quad \textit{y de esta manera:}$$

$$\vec{U}_C = \frac{\vec{C}}{\|\vec{C}\|} = \pm 1/3\,\vec{C} \quad \textit{esto es:} \quad \vec{U}_C = \pm(-\vec{i} + 2\vec{j} + 2\vec{k})/3$$

10: ángulos de un paralelogramo

Las diagonales de un paralelogramo son los vectores siguientes:

$\vec{A} = 3\vec{i} - 4\vec{j} - \vec{k}$
$\vec{B} = 2\vec{i} + 3\vec{j} - 6\vec{k}$

Demostrar que tal paralelogramo es un rombo, calcular los ángulos y la longitud de los lados.

SOLUCIÓN:

Si: $\vec{A} * \vec{B} = 0$ => *el paralelogramo* **es un rombo**, *(ver ejercicio 5).*

$$\vec{l}_1 = \frac{-\vec{A}}{2} + \frac{\vec{A}}{2} = \frac{-\vec{i} + 7\vec{j} - 5\vec{k}}{2}$$

$\|\vec{l}_1\| = \|\vec{l}_2\| = 4,33$

Ejercicios de Física 1: Cálculo Vectorial

$$\cos\beta = \frac{\vec{l}_1 * \vec{B}}{\|\vec{l}_1\| * \|\vec{B}\|}, \qquad y\ así:$$

$\beta = 36°\,4'14''$ \qquad y por lo tanto:

$\alpha = 180° - 2\beta = 7°\,51'32''$

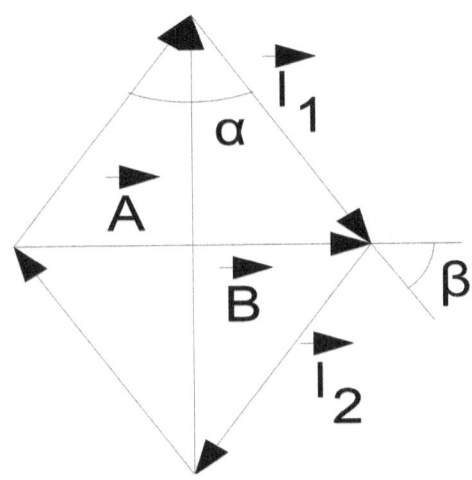

11: proyección de un vector sobre una recta

Calcular la proyección del vector: $\vec{v} = 4\vec{i} - 3\vec{j} + \vec{k}$, sobre la recta que pasa por los puntos: **P(2,3,-1)** y **Q(-2,-4,3)**

SOLUCIÓN:

$\vec{PQ} = -4\vec{i} - 7\vec{j} + 4\vec{k}$, y $\text{proy}_R \vec{v} = \vec{v}\,\vec{u}_R$ \quad por lo tanto:

$\vec{u}_R = \dfrac{\vec{PQ}}{\|\vec{PQ}\|} = \dfrac{1}{9}\left(-4\vec{i} - 7\vec{j} + 4\vec{k}\right)$ \quad y entonces: $\mathbf{proy_R \vec{v} = 1}$

12: vértices de un paralelogramo

De un paralelogramo se conocen las coordenadas de tres vértices consecutivos:

A(-1,3,2), B(2,-1,5) y C(0,-3-4)

Encontrar el cuarto vértice, el vector área, el área del paralelogramo y el ángulo en el punto **B**

13: triángulos y medianas

Dado un triángulo cualquiera, demostrar que existe un triángulo cuyos lados son paralelos e iguales a las medianas del primer triángulo.

14: componentes y operaciones con vectores

Se tiene un vector de **módulo 5** que forma un ángulo de **20º** con la dirección positiva del eje **0X y 103º** con la del eje **0Y**, formando con la del eje **0Z** un ángulo obtuso.

Calcular:

1) Sus componentes.
2) Su suma, diferencia, producto escalar (∗)y producto vectorial (x) con el vector de componentes:

   (2,-1,3)

SOLUCIONES:

1)
$V_X = //\vec{v}// \cos\alpha = 5\cos(20°) = \mathbf{4{,}6985} = v_x$
$V_Y = //\vec{v}// \cos\beta = 5\cos(103°) = \mathbf{-1{,}1248} = v_y$
$\cos^2\alpha + \cos^2\beta = 1 - \cos^2\gamma, \quad esto\ es: \gamma = 0{,}2576$
$V_Z = //\vec{v}// \cos\gamma = \mathbf{1{,}288} = v_z$

Ejercicios de Física 1: Cálculo Vectorial

2) $\vec{v}=v_x\vec{i}+v_y\vec{j}+v_z\vec{k}$
$\vec{w}=w_x\vec{i}+w_y\vec{j}+w_z\vec{k}$, y por otro lado: $\vec{w}=2\vec{i}-\vec{j}+3\vec{k}$, y así:

$\vec{v}*\vec{w}=14,3858$
$\vec{v}+\vec{w}=6,698\vec{i}-2,1248\vec{j}+4,288\vec{k}$
$\vec{v}-\vec{w}=2,6985\vec{i}+0,1248\vec{j}-1,712\vec{k}$

$\vec{v}x\vec{w}=\begin{vmatrix} \vec{i} & \vec{j} & \vec{k} \\ v_x & v_y & v_z \\ 2 & -1 & 3 \end{vmatrix}=-2,0864\vec{i}-11,5195\vec{j}-6,9481\vec{k}$

15: vectores coplanarios

Calcular el valor de *m* para que los vectores siguientes sean coplanarios.

$\vec{a}=2\vec{i}-\vec{j}+\vec{k}$
$\vec{b}=\vec{i}+2\vec{j}-3\vec{k}$ y
$\vec{c}=3\vec{i}+m\vec{j}+5\vec{k}$

SOLUCIÓN:

Para que 3 vectores sean coplanarios ha de verificarse que:

$\vec{a}*(\vec{b}x\vec{c})=0$, *por lo tanto:*

$\vec{a}*(\vec{b}x\vec{c})=\begin{vmatrix} 2 & -1 & 1 \\ 1 & 2 & -3 \\ 3 & m & 5 \end{vmatrix}=0$, *por lo tanto* ***m=-4***

16: producto vectorial

Partiendo de las propiedades del **producto vectorial**, demostrar que dos vectores paralelos tienen sus componentes proporcionales.

17: vectores y ecuación de la recta

Encontrar vectorialmente la ecuación de la recta que pasa por los puntos: (x_0, y_0, z_0) y (x_1, y_1, z_1)

18: volumen de un paralelepípedo

Calcular el volumen del paralelepípedo determinado por los vectores de componentes:

$\vec{P}_1 = (3,-1,2)$, $\vec{P}_2 = (2,2,-4)$ y $\vec{P}_3(-3,1,-1)$

SOLUCIÓN:

$$Volúmen = \vec{P}_1 * (\vec{P}_2 \times \vec{P}_3) = \begin{vmatrix} 3 & -1 & 2 \\ 2 & 2 & 4 \\ -3 & 1 & -1 \end{vmatrix} = 8$$

19: distancia del punto a una recta

Encontrar la distancia entre el punto **P**, de coordenadas **P(4,0,1)** y la recta definida por las ecuaciones:

$y = 4 + 3t$
$x = 2$
$z = 1 + t$

SOLUCIÓN:

Sea: $\vec{AP} = 2\vec{i} + (-4-3t)\vec{j} + (-t)\vec{k}$ y dado un vector: $\vec{B}$, que verifique que:

$\vec{B} * \vec{AP} = 0$, entonces si: $\vec{B} = 3\vec{j} + \vec{k}$
Y como: $\vec{B}$ y $\vec{AP}$ son perpendiculares: $t = 2/35$

Ejercicios de Física 1: Cálculo Vectorial

y así: $\vec{AP} = 2\vec{i} - (146/35)\vec{j} - (2/35)\vec{k}$, y por lo tanto:

$d = \| \vec{AP} \| = 4{,}63$

20: ecuación del plano

Encontrar la ecuación del plano perpendicular al vector :

$\vec{A} = 2\vec{i} + 3\vec{j} + 6\vec{k}$ y que pasa por el extremo del vector:

$\vec{B} = \vec{i} + 5\vec{j} + 3\vec{k}$ ¿Cuál es la distancia del origen al plano?

SOLUCIÓN:

Si el vector $\vec{R}$ pertenece al plano $\bar{n}$, entonces: $\vec{R} * \vec{A} = 0$
$\vec{R} = -\vec{B} + \vec{R}' = \vec{R}' - \vec{B}$, esto es:
$\vec{R} = (x-1)\vec{i} + (y-5)\vec{j} + (z-3)\vec{k}$

Si: $\vec{R} * \vec{A} = 0$, esto es: $(x-1)2 + (y-5)3 + (z-3)6 = 0$
y así: $2x + 3y + 6z - 35 = 0$
y así la distancia del origen al plano se halla:
$d = \text{proy}_{\vec{A}} \vec{B} = \vec{u}_{\vec{A}} * \vec{B}$, esto es:
$d = ((2\vec{i} + 3\vec{j} + 3\vec{k})(\vec{i} + 5\vec{j} + 3\vec{k}))/\sqrt{4+9+36}$, esto es: $d = 5$

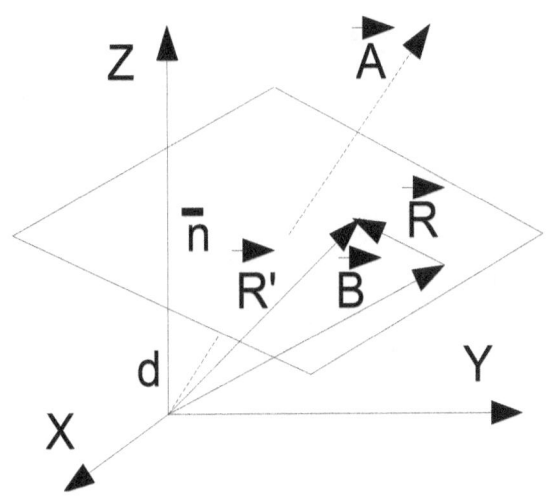

21: vector paralelo y perpendicular

Encontrar el vector unitario paralelo al plano **XY** y perpendicular al vector: $\vec{A}=4\vec{i}-3\vec{j}+\vec{k}$

SOLUCIÓN:

$\vec{u}=u_x\vec{i}+u_y\vec{j}+u_z\vec{k}$ con $u_z=0$; si $//\vec{U}//=1$ *entonces:*

$1=u_x^2+u_y^2$; *y si* $\vec{u}\perp\vec{A}$ *(perpendiculares), entonces:* $4u_x-3u_y=0$

De esta manera: $\vec{u}=\dfrac{3}{5}\vec{i}+\dfrac{4}{5}\vec{j}$

22: distancia de un punto a un plano

Los vectores de posición, con respecto al origen, de los puntos **P, Q y R** son:

$\vec{r}_1=3\vec{i}-2\vec{j}-\vec{k}$, $\vec{r}_2=\vec{i}+3\vec{j}+4\vec{k}$ y $\vec{r}_3=2\vec{i}+\vec{j}-2\vec{k}$ respectivamente.

Calcular la distancia de **P** al plano **n** dado por **OQR**

SOLUCIÓN:

$\vec{r}_1=\overrightarrow{OP}=3\vec{i}-2\vec{j}-\vec{k}$
$\vec{r}_2=\overrightarrow{OQ}=\vec{i}+3\vec{j}+4\vec{k}$ y:
$\vec{r}_3=\overrightarrow{OR}=2\vec{i}+\vec{j}-2\vec{k}$

Si $\vec{u}$ *es perpendicular al plano* $\bar{n}$, *entonces:*
$\vec{u}=\vec{r}_2 \times \vec{r}_3=5(-2\vec{i}+5\vec{j}-\vec{k})$, *y por tanto:*
$d=/\text{proy}_{\bar{n}}\vec{r}_1/=\vec{u}*\vec{r}_1=3$

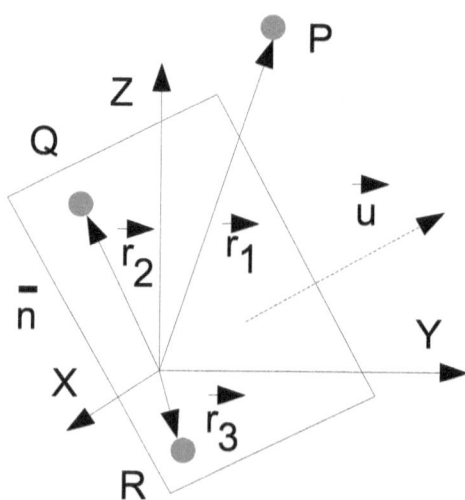

Ejercicios de Física 1: Cálculo Vectorial

23: momento de un vector

Dado un vector de **módulo 3**, aplicado en el punto $P_1(2,3,0)$ y tal que forma un ángulo de **30º** y **60º** con los ejes **X** e **Y** respectivamente.

Encontrar su momento respecto al punto $P_2(5,3,-7)$

SOLUCIÓN:

$\vec{M}_{P_2}(\vec{A}) = \vec{R} \times \vec{A}$

$\vec{A} = A_x \vec{i} + A_y \vec{j} + A_z \vec{k}$

$\vec{R} = 3\vec{i} - 7\vec{k}$ *por lo tanto:*

$\vec{M}_{P_2}(\vec{A}) = \begin{vmatrix} \vec{i} & \vec{j} & \vec{k} \\ 3 & 0 & -7 \\ A_x & A_y & A_z \end{vmatrix}$,   *donde:*

$A_x = 3\cos(30°) = (3\sqrt{3}/2)\vec{i}$
$A_y = 3\cos(60°) = (3/2)\vec{j}$ *por lo tanto:*

$\vec{M}_{P_2}(\vec{A}) = \frac{1}{2}(21\vec{i} - 21\sqrt{3}\vec{j} + 9\vec{k})$

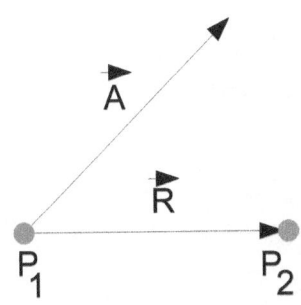

24: Teorema de Varignon

Dados dos vectores: $\vec{a}(3,5,4)$ y $\vec{b}(-1,2,3)$ aplicados ambos en el punto **(-1,0,-2)**

Calcular el momento de los dos respecto al origen, el momento de su resultante y comprobar que cumplen el Teorema de Varignon.

Esto es:

"Dadas varias fuerzas concurrentes, el momento resultante de las distintas fuerzas es igual al momento de la resultante de ellas, aplicada en el punto de concurrencia".

SOLUCIÓN:

$$\vec{M}_O(\vec{a}) = \begin{vmatrix} \vec{i} & \vec{j} & \vec{k} \\ -1 & 0 & -2 \\ 3 & 5 & 4 \end{vmatrix} = 10\vec{i} - 2\vec{j} - 5\vec{k}$$

y:

$$\vec{M}_O(\vec{b}) = \begin{vmatrix} \vec{i} & \vec{j} & \vec{k} \\ -1 & 0 & -2 \\ 3 & 5 & 4 \end{vmatrix} = 4\vec{i} + 5\vec{j} - 2\vec{k}, \quad \text{por lo tanto:}$$

$$\vec{M}_O(\vec{a}) + \vec{M}_O(\vec{b}) = 14\vec{i} + 3\vec{j} - 7\vec{k} = \vec{M}, \quad \text{y por otra parte:}$$

$$\vec{M}_O(\vec{a}+\vec{b}) = \begin{vmatrix} \vec{i} & \vec{j} & \vec{k} \\ -1 & 0 & -2 \\ 2 & 7 & 7 \end{vmatrix} = 14\vec{i} + 3\vec{j} - 7\vec{k} = \vec{M}'$$

Y como: $\vec{M} = \vec{M}'$, **entonces se cumple el teorema de Varignon**

25: resultante de un sistema de vectores

Un sistema de vectores deslizantes no concurrentes, está formado por los siguientes vectores:

Ejercicios de Física 1: Cálculo Vectorial

$\vec{A}=-\vec{i}+3\vec{j}-\vec{k}, \vec{B}=5\vec{i}-4\vec{j}+3\vec{k}$ y $\vec{C}=3\vec{i}+2\vec{j}-3\vec{k}$,

Aplicados respectivamente en los puntos:

(1,2,3), (2,1,0) y (0,2,-1)

Calcular:
a) La resultante.
b) El momento total en el punto **P(1,2,3)**
c) El momento en el punto **(1,-1,0)**, aplicando el Teorema del Cambio de Momento.
d) ¿Qué tipo de vector es la resultante?

SOLUCIÓN:

a)

$\vec{R}=\vec{A}+\vec{B}+\vec{C}$ ⇒ $\vec{R}=7\vec{i}+\vec{j}-\vec{k}$

b)

$\vec{M}^P(\vec{A})=0$,   donde: $P(1,2,3)$
$\vec{M}_P(\vec{B})=\vec{R}_1 x \vec{B}=\overrightarrow{PQ} x \vec{B}=-15\vec{i}-18\vec{j}-\vec{k}$ donde: $Q(2,1,0)$
$\vec{M}_P(\vec{C})=\vec{R}_2 x \vec{C}=\overrightarrow{PR} x \vec{C}=8\vec{i}-15\vec{j}-2\vec{k}$ donde: $R(0,2,-1)$, y así:

$\vec{M}_P(T)=-7\vec{i}-33\vec{j}-\vec{k}$

c)

$\vec{M}_{P'}=\vec{M}_P-\overrightarrow{PP'} x \vec{R}$ con: $\vec{R}=\vec{A}+\vec{B}+\vec{C}=7\vec{i}+\vec{j}-\vec{k}$
y si: $\overrightarrow{PP'}=-3\vec{j}-3\vec{k}$,   entonces:

$\vec{M}_{P'}=-13\vec{i}-12\vec{j}-22\vec{k}$

d)
La resultante es un vector

26: momento respecto a un punto

Sea el vector deslizante $\vec{a}=2\vec{i}+3\vec{j}-2\vec{k}$, que pasa por el punto **P(3,1,-2)**. Calcular el momento del vector respecto al punto **A(1,0,1)** y al eje que pasa por los puntos **A(1,0,1)** y **B(1,2,1)**.

SOLUCIÓN:

$$\vec{M}_A(\vec{a})=\overrightarrow{AP}x\vec{a}=\begin{vmatrix} \vec{i} & \vec{j} & \vec{k} \\ 2 & 1 & -3 \\ 2 & 1 & -2 \end{vmatrix}=\vec{i}-2\vec{j}$$

$$M_E=\text{proy}_E \vec{M}_A=\vec{u}_E * \vec{M}_A=\frac{2\vec{j}}{2}*(\vec{i}-2\vec{j})=-2$$

27: centro de vectores y eje central

Un sistema de 3 vectores paralelos, que forman parte del mismo ángulo con los 3 ejes coordenados, tienen por **módulos 4, 6** y **12** y se aplican en los puntos:

A(2,1,0), B(-1,1,3) y **C(1,1,-1)** respectivamente.

1) Calcular la resultante del sistema.
2) Encontrar el centro de vectores del sistema.
3) Deducir el momento respecto al origen.
4) Calcular el eje central.

SOLUCIÓN:

1) $\cos^2\alpha=1-\cos^2\beta-\cos^2\gamma;$ *y como:*
$\alpha=\beta=\gamma$, *entonces:* $\cos\alpha=1/\sqrt{3}$

Ejercicios de Física 1: Cálculo Vectorial

$\vec{v}_1 = \|\vec{v}_1\| \cos(\vec{i}+\vec{j}+\vec{k}) = (4/\sqrt{3})(\vec{i}+\vec{j}+\vec{k})$
$\vec{v}_2 = (6/\sqrt{3})(\vec{i}+\vec{j}+\vec{k})$
$\vec{v}_3 = (12/\sqrt{3})(\vec{i}+\vec{j}+\vec{k})$ y así:

$\vec{R} = \vec{v}_1 + \vec{v}_2 + \vec{v}_3$, así: $\vec{R} = (22/\sqrt{3})(\vec{i}+\vec{j}+\vec{k})$

2) El centro será: $G(x_g, y_g, z_g)$, donde:

$$x_g = \frac{\sum v_i x_i}{\sum v_i}; \quad y_g = \frac{\sum v_i y_i}{\sum v_i}; \quad y \quad z_g = \frac{\sum v_i z_i}{\sum v_i}$$

$x_g = (4 \cdot 2 + 6(-1) + 12 \cdot 1)/(4+6+12) = 7/11$
$y_g = 1$
$z_g = 3/11$ y así:

$$G\left(\frac{7}{11}, 1, \frac{3}{11}\right)$$

3) $\vec{M}_O = \sum \vec{M}_{O_i}$ entonces:

$$\vec{M}_O(\vec{v}_1) = \vec{OA} \times \vec{v}_1 = \begin{vmatrix} \vec{i} & \vec{j} & \vec{k} \\ 2 & 1 & 0 \\ 4/\sqrt{3} & 4/\sqrt{3} & 4/\sqrt{3} \end{vmatrix} = \frac{4}{\sqrt{3}}(\vec{i} - 2\vec{j} + \vec{k}) \text{ y análogamente:}$$

$\vec{M}_O(\vec{v}_2) = \frac{6}{\sqrt{3}}(-2\vec{i} + 4\vec{j} - 2\vec{k})$

$\vec{M}_O(\vec{v}_3) = \frac{12}{\sqrt{3}}(2\vec{i} - 2\vec{j})$ y de esta manera:

$$\vec{M}_O(T) = \frac{1}{\sqrt{3}}(16\vec{i} - 8\vec{j} - 8\vec{k})$$

4) La ecuación del eje central es:

$$\frac{L-yR_z+zR_y}{R_x}=\frac{M-zR_x+xR_z}{R_y}=\frac{N-xR_y+yR_x}{R_z} \quad donde:$$

$\vec{M}_O(L,M,N)=L\vec{i}+M\vec{j}+M\vec{k}\ \ con: L=16/\sqrt{3},\ M=-8/\sqrt{3}$
$y: N=-8/\sqrt{3}\ así:$

$22x+22y-44z=24\ y$
$44x-22y+22z=0$

28: momento mínimo y ecuación del eje

Dados los vectores: $\vec{A}(3,-1,2)$, $\vec{B}(1,-1-3)$ y $\vec{C}(4,-3,1)$ aplicados en el punto **P** de coordenadas **(1,2,-1)**, calcular:

a) El momento resultante respecto al punto **M(1,1,1)**

b) El momento mínimo.

c) La ecuación del eje central

SOLUCIÓN:

a) $\vec{M}_M = \vec{MP} \times \vec{R} = \begin{vmatrix} \vec{i} & \vec{j} & \vec{k} \\ 0 & 1 & -2 \\ 8 & -5 & 6 \end{vmatrix} = -4\vec{i}-16\vec{j}-8\vec{k}$

b) $M_m = \dfrac{\vec{M}_M * \vec{R}}{R} * \dfrac{\vec{R}}{R}$ por lo tanto: $\boldsymbol{M_m=0}$

c) $\vec{M}_O = \vec{OP} \times \vec{R} = \vec{M}_M + \vec{OM} \times \vec{R} = 7\vec{i}-14\vec{j}-21\vec{k}$ con lo que:

$L=7,\ M=-14\ y\ N=-21\ y\ así:$

$$\frac{7-y(6)-5z}{8}=\frac{-14-8z+6x}{-5}=\frac{-21+5x+8y}{6}$$

Ejercicios de Física 1: Cálculo Vectorial

29: centro del sistema de vectores

Sean los vectores paralelos:

$\vec{v}_1 = 2\vec{i}, \vec{v}_2 = 6\vec{i}$ y $\vec{v}_3 = 4\vec{i}$

aplicados respectivamente a los puntos:

(1,0,0), (0,1,0) y **(0,0,1)**

Calcular:

a) El centro del sistema de vectores.

b) Comprobar que el momento respecto al centro **G** es nulo.

c) Calcular el momento mínimo.

d) Deducir la ecuación del eje central.

30: ecuación del plano

Dados los puntos: **M(1,-2,-4)** y **N(3,1,2)**

Calcular la ecuación del plano que pasa por **N** y es perpendicular a la línea que los puntos dados.

SOLUCIÓN:

$\overrightarrow{MN} = 2\vec{i} + 3\vec{j} + 6\vec{k}$ y $\overrightarrow{NP} = (x-3)\vec{i} + (y-1)\vec{j} + (z-2)\vec{k}$

donde (x,y,z) es un punto del plano, y como debe cumplirse que:

$\overrightarrow{NM} * \overrightarrow{NP} = 0$ *pues* $\overrightarrow{NM} \perp \overrightarrow{NP}$ *(son perpendiculares), el plano es*

$2x + 3y + 6z = 21$

31: vector de superficie

Los vértices de un paralelogramo vienen definidos por los vectores de posición:

$\vec{r}_A = \vec{i}+\vec{j}+\vec{k}$, $\vec{r}_B = \vec{i}+2\vec{j}+\vec{k}$, $\vec{r}_C = x\vec{i}+y\vec{j}+z\vec{k}$ y $\vec{r}_D = 2\vec{i}+\vec{j}+\vec{k}$

Calcular:
a) Las coordenadas de $\vec{r}_C$
b) El vector superficie.
c) El área del paralelogramo.

SOLUCIÓN:

a) $\vec{r}_B = \overrightarrow{AB}+\vec{r}_A \quad \Rightarrow \quad \overrightarrow{AB}=\vec{j}$
$\vec{r}_D = \vec{r}_A + \overrightarrow{AD} \quad \Rightarrow \quad \overrightarrow{AD}=\vec{i}$
$\overrightarrow{AC} = \overrightarrow{AD}+\overrightarrow{AB} \quad \Rightarrow \quad \overrightarrow{AC}=\vec{i}+\vec{j}$ *entonces:*

$\vec{r}_C = \vec{r}_A + \overrightarrow{AC} = 2\vec{i}-2\vec{j}+\vec{k}$

b) $\vec{S} = \overrightarrow{AD} x \overrightarrow{AB} = \vec{k}$

c) $A = //\overrightarrow{AD} x \overrightarrow{AB}// = //\vec{S}//=1$

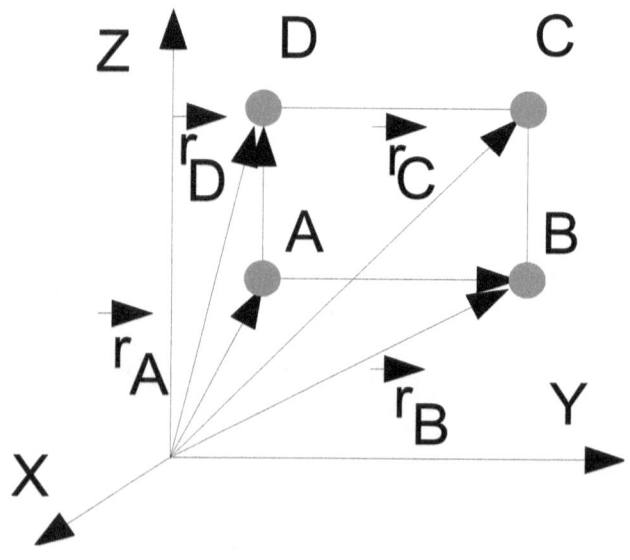

Ejercicios de Física 1: Cálculo Vectorial

32: momento respecto a un eje

Dada la recta que une los puntos: **A(1,3,-6)** y **B(3,-2,5)** y el vector: $\vec{a}=3\vec{i}-2\vec{j}+\vec{k}$ aplicado en **P(1,3,2)**

a) Calcular el momento del vector $\vec{a}$, respecto a tal recta.

b) Idem, respecto a los ejes de coordenadas.

SOLUCIÓN:

a) $M_{AB}=\vec{u}*(\vec{R}\times\vec{a})$ donde: $\vec{u}=\dfrac{2\vec{i}-5\vec{j}+11\vec{k}}{\sqrt{162}}$ y dónde:

$\vec{R}=\overrightarrow{AP}=8\vec{k} \Rightarrow M_{AB}=-7,19$

b) $\vec{M}_O=\vec{R}\times\vec{a}=7\vec{i}+5\vec{j}-11\vec{k}$ y por lo tanto:

$M_{OX}=7$, $M_{OY}=5$ y $M_{OZ}=-11$

33: vector gradiente

Siendo $\Phi(x,y,z)=3x^2y-y^3z^2$, calcular $\vec{\nabla}\Phi$ en el punto **(1,-2,-1)**

SOLUCIÓN:

$\vec{\nabla}\Phi=\dfrac{\partial\Phi}{\partial x}\vec{i}+\dfrac{\partial\Phi}{\partial y}\vec{j}+\dfrac{\partial\Phi}{\partial z}\vec{k}$, entonces:

$\vec{\nabla}\Phi=6xy\vec{i}+(3x^2-3y^2z^2)\vec{j}+(-2y^3z)\vec{k}$, y por lo tanto:

$\vec{\nabla}\Phi_{(1,-2,-1)}=-12\vec{i}-9\vec{j}-16\vec{k}$

34: vectores y derivadas parciales

Siendo: $\vec{A}=x^2yz\vec{i}-2xz^3\vec{j}+xz^2\vec{k}$ y $\vec{B}=2z\vec{i}+y\vec{j}+x^2\vec{k}$, calcular:

$\dfrac{\partial^2}{\partial x \partial y}(\vec{A}x\vec{B})$ en **(1,0,-2)**

SOLUCIÓN:

$$\vec{A}x\vec{B}=\begin{vmatrix} \vec{i} & \vec{j} & \vec{k} \\ x^2yz & -2xz^3 & xz^2 \\ 2z & y & -x^2 \end{vmatrix}=(2x^3z^3-yxz^2)\vec{i}+(2xz^3+x^4yz)\vec{j}+$$
$$+(x^2y^2z+4xz^4)\vec{k}$$

$\dfrac{\partial}{\partial x}(\vec{A}x\vec{B})=(6x^2z^3-yz^2)\vec{i}+(2z^3+4x^3yz)\vec{j}+(2xy^2z+4z^4)\vec{k}$ de donde:

$\dfrac{\partial^2}{\partial x \partial y}(\vec{A}x\vec{B})=-z^2\vec{i}+4x^3z\vec{j}+4xyz\vec{k}$ y por lo tanto:

$\dfrac{\partial^2}{\partial x \partial y}(\vec{A}x\vec{B})_{(1,0,-2)}=-4\vec{i}-8\vec{j}$

35: momento mínimo de un sistema

Calcular el momento mínimo para los sistemas de vectores siguientes:

a) **A(3,-1,2), B(1,-1,3)** y **C(4,-3,1)**, aplicados en **P(1,2,-1)**

b) $\vec{A}'=-\vec{i}+3\vec{j}-\vec{k}$
$\vec{B}'=5\vec{i}-4\vec{j}+3\vec{k}$
$\vec{C}=3\vec{i}+2\vec{j}-3\vec{k}$

SOLUCIÓN:

Ejercicios de Física 1: Cálculo Vectorial

a) $M_m = \dfrac{\vec{M}_{\vec{R}} * \vec{R}}{// \vec{R} //}$ donde: $\vec{M}_{\vec{R}} = -7\vec{i} - 14\vec{j} - 21\vec{k}$ y $\vec{R} = 8\vec{i} - 5\vec{j} + 6\vec{k}$ y así:

$$M_m = (7\vec{i} - 14\vec{j} - 21\vec{k})\dfrac{8\vec{i} - 5\vec{j} + 5\vec{k}}{\sqrt{64 + 25 + 64}} = 0$$

b) $M_m = (-7\vec{i} - 26\vec{j} + 6\vec{k})\dfrac{7\vec{i} + \vec{j} - \vec{k}}{\sqrt{49 + 2}} = -11{,}34$

36: operador Nabla

Demostrar que: $\vec{\nabla} r^n = n r^{n-2} \vec{r}$

SOLUCIÓN:

$r^n = (x^2 + y^2 + z^2)^{n/2}$,   donde: $\vec{r} = x\vec{i} + y\vec{j} + z\vec{k}$

$\vec{\nabla} r^n = \dfrac{\partial r^n}{\partial x}\vec{i} + \dfrac{\partial r^n}{\partial y}\vec{j} + \dfrac{\partial r^n}{\partial z}\vec{k} =$ y por lo tanto:

$= \dfrac{n}{2} 2x (x^2+y^2+z^2)^{\frac{n}{2}-1}\vec{i} + \dfrac{n}{2} 2y (x^2+y^2+z^2)^{\frac{n}{2}-1}\vec{j} + \dfrac{n}{2} 2z (x^2+y^2+z^2)^{\frac{n}{2}-1}\vec{k} =$

$= n(x^2+y^2+z^2)^{\frac{n-2}{2}}(x\vec{i} + y\vec{j} + z\vec{k}) = n r^{n-2} \vec{r} = \vec{\nabla} r^n$

37: operaciones con vectores

Siendo $\vec{r}$ el vector de posición del punto P(x,y,z), calcular:

$\vec{\nabla} // r //^5$

38: ángulo entre superficies

Calcular el ángulo que forman las superficies de ecuaciones:

$x^2+y^2+z^2=9$ y $z=x^2+y^2-3$ en el punto **(2,-1,2)**

SOLUCIÓN:

$$\vec{\nabla\Phi_1}=\frac{\partial\Phi_1}{\partial x}\vec{i}+\frac{\partial\Phi_1}{\partial y}\vec{j}+\frac{\partial\Phi_1}{\partial z}\vec{k}=2x\vec{i}+2y\vec{j}+2z\vec{k}, \quad donde:$$

$\Phi_1 \equiv x^2+y^2+z^2=9 \Rightarrow \vec{\nabla\Phi_1}_{(2,-1,2)}=4\vec{i}-2\vec{j}+4\vec{k}$ \quad análogamente:

$\vec{\nabla\Phi_2}_{(2,-1,2)}=4\vec{i}-2\vec{j}-\vec{k}$, \quad con lo que:

$$\cos\alpha=\frac{\vec{\nabla\Phi_1}*\vec{\nabla\Phi_2}}{//\vec{\nabla\Phi_1}//*//\vec{\nabla\Phi_2}//}=0{,}5819, \quad y\ por\ lo\ tanto:$$

$\alpha=54°24'$

39: derivada direccional

Calcular la derivada direccional de $\Phi=4x^2+yz^2+2$ en el punto **(1,2,1)** en la dirección del vector:

$\vec{A}=\vec{i}-2\vec{j}+2\vec{k}$

SOLUCIÓN:

$\vec{\nabla\Phi}=8xyz^2\vec{i}+4x^2z^2\vec{j}+8x^2y\vec{k} \Rightarrow \vec{\nabla\Phi_P}=16\vec{i}+4\vec{j}+16\vec{k}$

$\vec{u_A}=\frac{\vec{A}}{//\vec{A}//}=\frac{1}{3}(\vec{i}-2\vec{j}+2\vec{k})$ \quad donde: $\frac{d\Phi}{dr}=\vec{u_A}*\vec{\nabla\Phi_P}$ \quad y así:

$\frac{d\Phi}{dr}=13{,}33$

40: plano tangente y recta normal

Calcular las ecuaciones del planto tangente y de la recta normal a la superficie: $x^2+(y-2)^2+(z+1)^2=9$ en el punto **P(2,1,1)**

SOLUCIÓN:

$\overrightarrow{\nabla\Phi} = 2x\vec{i} + 2(y-2)\vec{j} + 2(z+1)\vec{k}$ donde Φ es la superficie dada y por tanto:

$\overrightarrow{\nabla\Phi}_P = 4\vec{i} - 4\vec{j} + 4\vec{k}$

Y si: $\vec{r} = \overrightarrow{PA} = (x-2)\vec{i} + (y-1)\vec{j} + (z-1)\vec{k}$ como:
$\vec{r}$ y $\overrightarrow{\nabla\Phi}_P$ son perpendiculares $\Rightarrow \vec{r} * \overrightarrow{\nabla\Phi}_P = 0$ entonces:

$4(x-2) - 2(y-1) + 4(z-1) = 0 \Rightarrow \mathbf{2x - y + z - 5 = 0}$

La recta tendrá de vector de dirección $\overrightarrow{\nabla\Phi}$ y pasará por el punto P, y así:

$r \equiv \dfrac{x-2}{4} = \dfrac{y-1}{-2} = \dfrac{z-1}{4}$

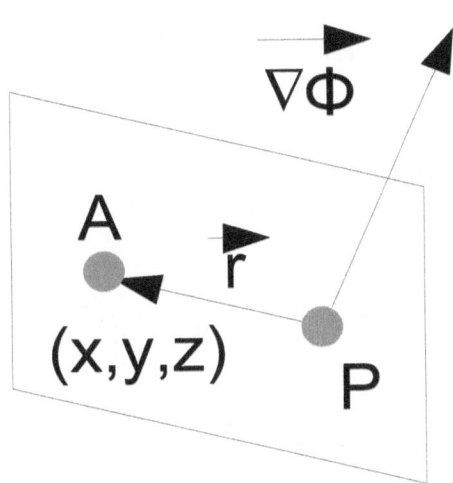

41: derivadas

Encontrar la dirección según la cual la derivada de la función:

$\Phi = 2xz - y^2$ en el punto **(1,3,2)** es máxima.

¿Cuál es el módulo de este valor máximo?.

SOLUCIÓN:

La derivada será máxima en la dirección de la perpendicular, así:

$\overrightarrow{\nabla \Phi} = 2z\vec{i} - 2y\vec{j} + 2x\vec{k}$ y $\overrightarrow{\nabla \Phi}_p = 4\vec{i} - 6\vec{j} + 2\vec{k}$ ⇒ $// \overrightarrow{\nabla \Phi}_p // = 7,48$

42: campos sumidero y manantial

Demostrar que los campos:

a) $\vec{V} = -2x^3 z^2 \vec{i} + (3z^3 - 6y)\vec{j} + (x^2 y - z^3 y^2 x^4)\vec{k}$ y

b) $\vec{V} = (3yz - \dfrac{4}{x})\vec{i} + yz^2 \vec{j} + (z^3 + 3xy)\vec{k}$

son de tipo "sumidero" y "manantial" respectivamente.

SOLUCIÓN:

a) div $\vec{V} = \vec{\nabla} * \vec{V} = \dfrac{\partial V_x}{\partial x} + \dfrac{\partial V_y}{\partial y} + \dfrac{\partial V_z}{\partial z} = -6x^2 z^2 - 6 - 3z^2 y^2 x^4$ y como:

$-6x^2 z^2 - 6 - 3z^2 y^2 x^4$ es negativo ⇒ $\vec{V}$ **es un sumidero**

b) Análogamente a (a): div $\vec{V}$ es positiva y por tanto $\vec{V}$ **es un manantial**

Ejercicios de Física 1: Cálculo Vectorial

43: vector solenoidal

Determinar la constante **a** de forma que el vector:

$$\vec{V}=(x+3y)\vec{i}+(y-2z)\vec{j}+(x+za)\vec{k} \quad \text{sea } \textbf{solenoidal}.$$

SOLUCIÓN:

Para que $\vec{V}$ *sea solenoidal:* div $\vec{V}=0$, Y aquí: div $\vec{V}=2+a=0 \Rightarrow$ **a=−2**

44: cálculo vectorial

Calcular $\vec{\nabla}(r\vec{\nabla}\dfrac{1}{r^3})$

45: vector irrotacional

Demostrar que $\vec{A}=(6xy+z^3)\vec{i}+(3x^2-z)\vec{j}+(3xz^2-y)\vec{k}$ es *irrotacional*. Encontrar Φ, de modo que: $\vec{A}=\overrightarrow{\nabla\Phi}$

SOLUCIÓN:

$rot\,\vec{A}=\vec{\nabla}\times\vec{A}$ *y para ser irrotacional:* $\vec{\nabla}\times\vec{A}=0$

$$rot\,\vec{A}=\begin{vmatrix} \vec{i} & \vec{j} & \vec{k} \\ \dfrac{\partial}{\partial x} & \dfrac{\partial}{\partial y} & \dfrac{\partial}{\partial z} \\ A_x & A_y & A_z \end{vmatrix}=0 \Rightarrow \vec{A} \text{ es irrotacional}$$

Como: $rot\,\vec{A}=0=rot\,\overrightarrow{grad\,\Phi}=0 \Rightarrow \vec{A}=\overrightarrow{grad\,\Phi}$ *y entonces:*

$6xy+z^3=\dfrac{\partial\Phi}{\partial x} \Rightarrow \Phi=\int(6xy+z^3)dx=3x^2y+xz^3+f(y,z) \Rightarrow$

$\dfrac{\partial\Phi}{\partial y}=3x^2+\dfrac{\partial(f(y,z))}{\partial y}=3x^2-z \Rightarrow f(y,z)=\int-zdy=-zy+f(z)$

... y derivando respecto a z: $\dfrac{\partial\Phi}{\partial z}=3xz^2-y+\dfrac{df(z)}{dz}=3xz^2-y \Rightarrow f(z)=k \Rightarrow$

$\Phi = 3x^2 y + xz^3 - zy + k$

46: circulación y trayectoria

Si $\vec{A} = (4xy - 3x^2 z^2)\vec{i} + 2x^2\vec{j} - 2x^3 z\vec{k}$, demostrar que la circulación de $\vec{A}$, a lo largo de una trayectoria cualquiera, no depende de ella.

Calcular una función Φ, tal que se verifique que: $\vec{A} = \overrightarrow{grad\,\Phi}$

SOLUCIÓN:

$C_{1,2} = \int \vec{a} * \vec{dl} = \int \overrightarrow{grad\,\Phi} * \vec{dl} = \int_1^2 d\Phi = \Phi_2 - \Phi_1$

$rot\,\vec{A} = \begin{vmatrix} \vec{i} & \vec{j} & \vec{k} \\ \dfrac{\partial}{\partial x} & \dfrac{\partial}{\partial y} & \dfrac{\partial}{\partial z} \\ 4xy - 3x^2 z^2 & 2x^2 & -2x^3 z \end{vmatrix} = 0 \Rightarrow \text{ es irrotacional} \Rightarrow \vec{A} = \overrightarrow{grad\,\Phi}\ \text{asi:}$

$A_x = \dfrac{\partial \Phi}{\partial x} = 4xy - 3x^2 z^2; \quad A_y = \dfrac{\partial \Phi}{\partial y} = 2x^2 \quad y \quad A_z = \dfrac{\partial \Phi}{\partial z} = -2x^3 z$

$\Phi = \int (4xy - 3x^2 z^2) dx = 2x^2 y - x^3 z^2 + f(y, z)$ *y derivando respecto a y:*

$\dfrac{\partial \Phi}{\partial y} = 2x^2 + \dfrac{\partial f(y,z)}{\partial y} = 2x^2 \Rightarrow f(y,z) = f(z)$ *y por lo tanto:*

$\Phi = 2x^2 y - x^3 x^2 + f(z)$ *y derivando respecto de z, tendremos:*

$\dfrac{\partial \Phi}{\partial z} = -2x^3 z + \dfrac{df(z)}{dz} = -2x^3 z \Rightarrow f(z) = k \Rightarrow \Phi = 2x^2 y - x^3 z^2 + k$

Entonces como $\vec{A} = \overrightarrow{grad\,\Phi} \Rightarrow \vec{A}$ *es un campo conservativo y por lo tanto,*

la circulación no depende de la trayectoria elegida.

Ejercicios de Física 1: Cálculo Vectorial

47: circulación por segmentos y curvas

Calcular la circulación del vector:

$\vec{a} = (x^2 - 2yz)\vec{i} + (y + xz)\vec{j} + (1 - 2xyz^2)\vec{k}$ entre los puntos:

(0,0,0) y **(1,1,1)** en:

a) A lo largo del segmento del vector que une dichos puntos.

b) A lo largo de los segmentos de:

(0,0,0) a **(0,0,1)** a **(0,1,1)** a **(1,1,1)**.

c) A lo largo de la curva de ecuación:

$x = t$, $y = t^2$, $z = t^3$

SOLUCIÓN:

$rot\,\vec{a} = \begin{vmatrix} \vec{i} & \vec{j} & \vec{k} \\ \dfrac{\partial}{\partial x} & \dfrac{\partial}{\partial y} & \dfrac{\partial}{\partial z} \\ x^2 - 2yz & y + xz & -2xyz^2 + 1 \end{vmatrix} \neq 0 \Rightarrow$ *no es irrotacional, por lo tanto:*

la circulación va a depender del camino escogido.

a) $C_{mn} = \int_m^n \vec{a} * \vec{dl} = \int_m^n a_x\,dx + a_y\,dy + a_z\,dz =$

$= \int_m^n (x^2 - 2yz)\,dx + (y + xz)\,dy + (-2xyz^2 + 1)\,dz =$

$= \int_{x_m}^{x_n} (x^2 - 2yz)\,dx + \int_{y_m}^{y_n} (y + xz)\,dy + \int_{z_m}^{z_n} (1 - 2xyz^2)\,dz$ con: $x = y = z \Rightarrow$

$C_{mn} = \int_0^1 (x^2 - 2x^2)\,dx + \int_0^1 (y + y^2)\,dy + \int_0^1 (1 - 2z^4)\,dz = \mathbf{1{,}1}$

b) $C_{mn} = \int_1 \vec{a} * \vec{dl} + \int_2 \vec{a} * \vec{dl} + \int_3 \vec{a} * \vec{dl} = C_1 + C_2 + C_3$ donde:

$$C_1 = \int a_z\, dz = \int_{(0,0,0)}^{(0,0,1)} (1 - 2xyz^2)\, dz = 1$$

$$C_2 = \int_{(0,0,1)}^{(0,1,1)} a_y\, dy = \int_{(0,0,1)}^{(0,1,1)} (y + xz)\, dy = 0{,}5$$

$$C_3 = \int a_x\, dx = \int_{(0,1,1)}^{(1,1,1)} (x^2 - 2yz)\, dx = -5/3 \quad \text{entonces:} \quad C_{mn} = \frac{-1}{6}$$

c) $C_{mn} = \int_m^n \vec{a} * \vec{dl} = \int_m^n a_x\, dx + a_y\, dy + a_z\, dz =$

$$= \int_m^n (t^2 - 2t^5)\, dt + (t^2 + t^4)\, 2t\, dt + (1 - 2t^6)\, 3t^2\, dt \quad \text{donde:}\ m=0,\ n=1 \Rightarrow$$

$$C_{mn} = \frac{4}{3}$$

48: momento respecto a un eje

Calcular el momento del vector $\vec{A}$ de coordenadas **(2,-4,0)** que pasa por el punto **P(-1,0,-1)** con respecto al eje dado por:

$$D = \frac{x-2}{2} = \frac{y-3}{2} = z - 1$$

SOLUCIÓN:

$M_d(\vec{A}) = \vec{u} * (\vec{R} \times \vec{A}) = \vec{u} * \vec{M}_{P'}(\vec{A}) \quad \text{donde:}\ P'(2,3,1)$

$$\vec{M}_{P'}(\vec{A}) = \begin{vmatrix} \vec{i} & \vec{j} & \vec{k} \\ -3 & -3 & 0 \\ 2 & -4 & 0 \end{vmatrix} = 18\vec{k} \quad \text{y como:}\ \vec{u} = \frac{1}{\sqrt{5}}(2\vec{i} + 2\vec{j} + \vec{k}), \quad \text{entonces:}$$

$M_D(\vec{A}) = \vec{u} * \vec{M}_{P'}(\vec{A}) \Rightarrow M_D(\vec{A}) = \dfrac{18}{\sqrt{5}}$

Ejercicios de Física 1: Cálculo Vectorial

49: coordenadas cilíndricas ortogonales

Demostrar que el sistema de coordenadas cilíndricas es **ortogonal**.

SOLUCIÓN:

$\vec{R} = x\vec{i} + y\vec{j} + z\vec{k}$
$x = \rho \cos \phi$
$y = \rho \sin \phi$
$z = z \qquad \Rightarrow$

$\vec{R} = \rho \cos \phi \, \vec{i} + \rho \sin \phi \, \vec{j} + z \vec{k}$ *y habrá de verificarse que:*

$\vec{u}_\phi * \vec{u}_\rho = 0 ; \quad \vec{u}_\phi * \vec{u}_z = 0 ; \quad \vec{u}_\rho * \vec{u}_z = 0 \quad$ *esto es:*

$$\vec{u}_\phi = \frac{\partial \vec{R}/\partial \phi}{\|\partial \vec{R}/\partial \phi\|} = \frac{-\rho \sin \phi \, \vec{i} + \rho \cos \phi \, \vec{j}}{\sqrt{\rho^2 \sin^2 \phi + \rho^2 \cos^2 \phi}} = -\sin \phi \, \vec{i} + \cos \phi \, \vec{j}$$

$$\vec{u}_\rho = \frac{\partial \vec{R}/\partial \rho}{\|\partial \vec{R}/\partial \rho\|} = \frac{\cos \phi \, \vec{i} + \sin \phi \, \vec{j}}{\sqrt{\cos^2 \phi + \sin^2 \phi}} = \cos \phi \, \vec{i} + \sin \phi \, \vec{j}$$

$$\vec{u}_z = \frac{\partial \vec{R}/\partial z}{\|\partial \vec{R}/\partial z\|} = \vec{k}$$

*Comprobando las premisas, se ve que **el sistema es ortogonal***

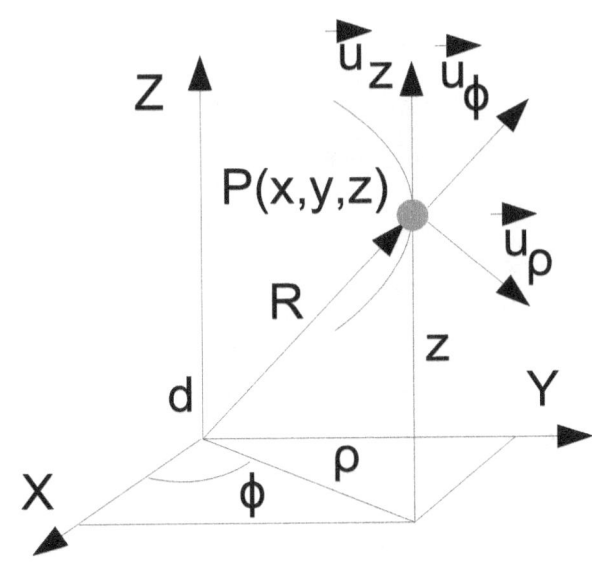

> **50: coordenadas cilíndricas y vectores**

Representar en el sistema de coordenadas cilíndricas el vector:
$\vec{A} = x\vec{i} + y\vec{j} + z\vec{k}$ y determinar: A_ρ, A_ϕ y A_z

SOLUCIÓN:

La representación gráfica es similar al ejercicio anterior.

$\vec{u}_\phi = -\sin\phi\,\vec{i} + \cos\phi\,\vec{j}$
$\vec{u}_\rho = \cos\phi\,\vec{i} + \sin\phi\,\vec{j}$ *y resolviendo el sistema:*
$\vec{u}_z = \vec{k}$

$$M = \begin{vmatrix} -\sin\phi & \cos\phi & 0 \\ \cos\phi & \sin\phi & 0 \\ 0 & 0 & 1 \end{vmatrix} = -1 \quad \text{y entonces:}$$

$$\vec{i} = \begin{vmatrix} \vec{u}_\phi & \cos\phi & 0 \\ \vec{u}_\rho & \sin\phi & 0 \\ \vec{u}_z & 0 & 1 \end{vmatrix} / M = -\sin\phi\,\vec{u}_\phi + \cos\phi\,\vec{u}_\rho$$

$$\vec{j} = \begin{vmatrix} -\sin\phi & \vec{u}_\phi & 0 \\ \cos\phi & \vec{u}_\rho & 0 \\ 0 & \vec{u}_z & 1 \end{vmatrix} / M = \sin\phi\,\vec{u}_\rho + \cos\phi\,\vec{u}_\phi$$

$$\vec{k} = \begin{vmatrix} -\sin\phi & \cos\phi & \vec{u}_\phi \\ \cos\phi & \sin\phi & \vec{u}_\rho \\ 0 & 0 & \vec{u}_z \end{vmatrix} / M = \vec{u}_z \quad \text{y así:}$$

$\vec{A} = \vec{u}_\rho(\rho\cos^2\phi + \sin^2\phi * \rho) + \vec{u}_\phi(-\rho\sin\phi\cos\phi + \sin\phi * \rho\cos\phi) + z\vec{u}_z$
con lo que:

Ejercicios de Física 1: Cálculo Vectorial

$\vec{A}=\rho\vec{u}_\rho+z\vec{u}_z$ y así: $A_\rho=\rho$; $A_\phi=0$ y $A_z=z$

51: momento resultante

Dados los vectores:

$\vec{v}_1$ situado en la recta que pasando por el origen de coordenadas, tiene los cosenos directores proporcionales a **0,3,4** y de **módulo 10**

$\vec{v}_2$ de componentes **(1,-1,-2)** y momento respecto al origen: $\vec{i}+3\vec{j}+2\vec{k}$

$\vec{v}_3$ de componentes **(-1,0,1)** y situado en la recta de acción que pasa por el punto **(2,-1,2)**

Calcular la resultante y el momento resultante respecto al origen de coordenadas.

SOLUCIÓN:

$$\frac{v_{1x}}{0}=\frac{v_{1y}}{3}=\frac{v_{1z}}{4}=\frac{\sqrt{v_{1x}^2+v_{1y}^2+v_{1z}^2}}{\sqrt{25}}=2, \quad \text{y así:}$$

$v_{1x}=0$; $v_{1y}=6$ y $v_{1z}=8$ *con lo que:*

$\vec{v}_1=6\vec{j}+8\vec{k}$; $\vec{v}_2=\vec{i}-\vec{j}-2\vec{k}$ y $\vec{v}_3=-\vec{i}+\vec{k}$, *por lo que:*

$\vec{R}=5\vec{j}+7\vec{k}$; $\vec{M}_O(\vec{v}_1)=0$; $\vec{M}_O(\vec{v}_2)=\vec{i}+3\vec{j}+2\vec{k}$ y como:

$$\vec{M}_O(\vec{v}_3)=\begin{vmatrix} \vec{i} & \vec{j} & \vec{k} \\ 2 & -1 & 2 \\ -1 & 0 & 1 \end{vmatrix}=-\vec{i}-4\vec{j}-\vec{k} \qquad \textit{y entonces:}$$

$\vec{M}_o(\vec{R}) = -\vec{j} + \vec{k}$

52: gradiente de un campo

Calcular el gradiente del campo escalar: $U = x^2 + y^2 + z^2$, su divergencia y la divergencia y el rotacional del campo vectorial:

$\vec{a} = (2x^3 + y^3 + z^3)\vec{i} + (x^3 + 2y^3 + z^3)\vec{j} + (x^3 + y^3 + 2z^3)\vec{k}$

Calcular también los productos:

$\vec{a} * \overrightarrow{\nabla U}$ y $\vec{a} \times \overrightarrow{\nabla U}$

SOLUCIÓN:

$\overrightarrow{\nabla U} = 2(x\vec{i} + y\vec{j} + z\vec{k})$ y como: div $\overrightarrow{\nabla U} = \vec{\nabla} * \overrightarrow{\nabla U}$,   entonces:

div $\overrightarrow{\nabla U} = \dfrac{\partial(2x)}{\partial x} + \dfrac{\partial(2y)}{\partial y} + \dfrac{\partial(2z)}{\partial z} = 6$

$\vec{\nabla} * \vec{a} = \text{div}\,\vec{a} = 6(x^2 + y^2 + z^2)$

$\vec{a} * \overrightarrow{\nabla U} = 2x(2x^3 + y^3 + z^3) + 2y(x^3 + 2y^3 + z^3) + 2z(x^3 + y^3 + 2z^3)$ entonces:

$\vec{a} * \overrightarrow{\nabla U} = 2(2x^4 + 2y^4 + 2z^4 + xy^3 + xz^3 + yz^3 + yx^3 + zx^3 + zy^3)$

$\text{rot}\,\vec{a} = \begin{vmatrix} \vec{i} & \vec{j} & \vec{k} \\ \partial/\partial x & \partial/\partial y & \partial/\partial z \\ a_x & a_y & a_z \end{vmatrix} = 3((y^2 - z^2)\vec{i} + (z^2 - x^2)\vec{j} + (x^2 - y^2)\vec{k})$, y así:

$\text{rot}\,\vec{a} = 3((y^2 - z^2)\vec{i} + (z^2 - x^2)\vec{j} + (x^2 - y^2)\vec{k})$

$\vec{a} \times \overrightarrow{\nabla U} = \begin{vmatrix} \vec{i} & \vec{j} & \vec{k} \\ 2x^3 + y^3 + z^3 & x^3 + 2y^3 + z^3 & x^3 + y^3 + 2z^3 \\ 2x & 2y & 2z \end{vmatrix} =$

$= 2((zx^3 + 2zy^3 + z^4 - yx^3 - y^4 - 2yz^3)\vec{i} +$
$+ (x^4 + xy^3 + 2xz^3 - 2zx^3 - zy^3 - z^4)\vec{j}$

Ejercicios de Física 1: Cálculo Vectorial

$+(2yx^3+y^4+yz^3-x^4-2xy^3-xz^3)\vec{k}\,)$

53: divergencia

Dado el vector:

$\vec{A}=x^2y\vec{i}+y^2z\vec{j}+z^2x\vec{k}$ y el escalar: $\Phi=2xy^2z^2$

Calcular:

a) La divergencia de $\Phi*\vec{A}$

b) La divergencia de $\vec{A}$

c) La divergencia de $\overrightarrow{grad\,\Phi}$ en **(2,1,1)**

SOLUCIONES:

a) $\Phi*\vec{A}=2x^3y^3z^2\vec{i}+2xy^4z^3\vec{j}-2x^2y^2z^4\vec{k}$ así:

$\text{div}(\Phi*\vec{A})=\vec{\nabla}*\Phi*\vec{A}=6x^2y^3z^2+8xy^3z^3-8x^2y^2z^3$ y por lo tanto:

$div(\Phi*\vec{A})_{(2,1,1)}=8$

b) $\text{div}\vec{A}=\vec{\nabla}*\vec{A}=\dfrac{\partial A_x}{\partial x}+\dfrac{\partial A_y}{\partial y}+\dfrac{\partial A_z}{\partial z}=2xy+2yz-2zx$ y así:

$div\,\overrightarrow{A_{(2,1,1)}}=2$

c) $\text{div}\,\overrightarrow{grad\,\Phi}=\vec{\nabla}*\overrightarrow{\nabla\Phi}$,   donde: $\overrightarrow{\nabla\Phi}=2y^2z^2\vec{i}+4xyz^2\vec{j}+4xy^2z\vec{k}$, así:

Como: $\vec{\nabla}*\overrightarrow{\nabla\Phi}=4xz^2+4xy^2$,   entonces: $div\,\overrightarrow{grad\,\Phi}_{(2,1,1)}=16$

54: Teorema de Stokes

Comprobar el **Teorema de Stokes** para el campo de vectores:

$\vec{A} = (y-z+2)\vec{i} + (yz+4)\vec{j} - xz\vec{k}$, siendo la superficie del cubo: $x=0$; $y=0$; $z=0$ y $x=2$; $y=2$ y $z=2$. Comprobar además el **Teorema de la Divergencia** para la superficie total del cubo.

SOLUCIÓN:

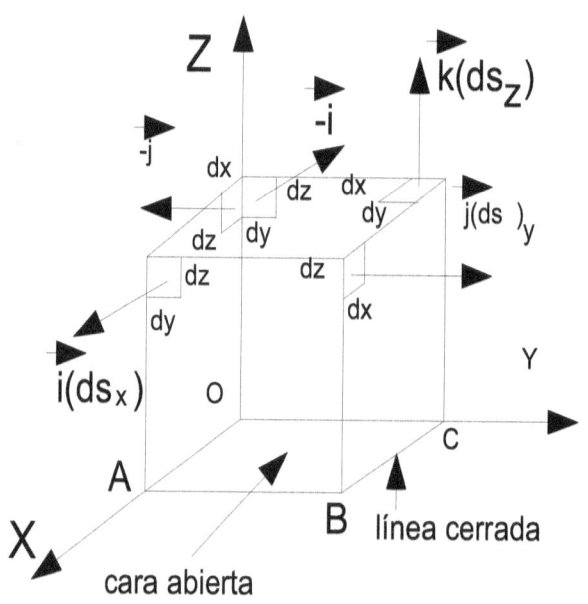

$\int_s rot\,\vec{A} * \vec{ds} = \oint \vec{A} * \vec{dl}$, *por otra parte:*

$rot\,\vec{A} = \begin{vmatrix} \vec{i} & \vec{j} & \vec{k} \\ \partial/\partial x & \partial/\partial y & \partial/\partial z \\ y-z+2 & yz+4 & -xz \end{vmatrix} = -y\vec{i} + (z-1)\vec{j} - \vec{k}$, *por lo tanto:*

$\int_s rot\,\vec{A} * \vec{ds} = \int_s rot_x \vec{A} * ds_x + \int_s rot_y \vec{A} * ds_y + \int_s rot_z \vec{A} * ds_z \Rightarrow$

Ejercicios de Física 1: Cálculo Vectorial

$$\int_s rot_x \vec{A}*ds_x = \int_0^2\int_0^2 -ydzdy + \int_0^2\int_0^2 ydzdy = 0$$

$$\int_s rot_y \vec{A}*ds_y = \int_0^2\int_0^2 -(z-1)dxdz + \int_0^2\int_0^2 (z-1)dxdz = 0, \quad \text{y finalmente:}$$

$$\int_s rot_z \vec{A}*ds_z = \int_0^2\int_0^2 -1dydz = \int_0^2 -y\Big|_0^2 dx = -2x\Big|_0^2 = -4, \quad \text{y por lo tanto:}$$

$$\int_s rot\,\vec{A}*\vec{ds} = 0+0-4 = -4$$

$$\oint \vec{A}*\vec{dl} = \int_0^2 A_x dx + \int_0^2 A_y dy + \int_2^0 A_x dx + \int_2^0 A_y dy =$$

$$= \int_0^2 (y+2)dx + \int_0^2 (yz+4)dy + \int_2^0 (y+2)dx + \int_2^0 (yz+4)dy =$$

$$= 2x\Big|_0^2 + 4y\Big|_0^2 - 4x\Big|_0^2 - 4y\Big|_0^2 = -4, \quad \text{y así se verifica el Teorema de Stokes}$$

Igualmente se comprueba el Teorema de la Divergencia para toda la superficie.

55: Teorema de la Divergencia

Comprobar el **Teorema de la Divergencia** para:

$$\vec{A} = 2xy\,\vec{i} - y^2\vec{j} + 4xz^2\vec{k}$$

extendida hasta la región del primer cuadrante y limitada por:

$$y^2 + x^2 = 9 \quad y \quad x = 2$$

56: uso del Teorema de la Divergencia

Si:

$$\vec{F} = x\vec{i} + xy\vec{j} + xyz\vec{k}$$

Aplicar el Teorema de la Divergencia para calcular:

$$\int \vec{F} * \vec{ds}$$

Con **s** la superficie: $x^2 + y^2 + z^2 = 4$

SOLUCIÓN:

$$\int_s \vec{F} * \vec{ds} = \int_\theta \operatorname{div} \vec{F} * \vec{d\theta}, \text{ donde: } \vec{d\theta} = r^2 \sin\Phi \, dr \, d\Phi \, d\phi$$

$$\operatorname{div} \vec{F} = \frac{\partial A_x}{\partial x} + \frac{\partial A_y}{\partial y} + \frac{\partial A_z}{\partial z} = +1 + x + xy$$

$$\int_\theta \operatorname{div} \vec{F} d\theta = \int_0^{2\pi} \int_0^{\pi} \int_0^{2} (1 + r\sin\Phi\cos\phi + r^2\sin\Phi\cos\phi\sin\phi) r^2 \sin\Phi \, dr \, d\Phi \, d\phi =$$

$$= \int_0^2 r^2 dr \int_o^{\pi} \sin\Phi \, d\Phi \int_0^{2\pi} d\phi + \int_0^2 r^3 dr \int_0^{\pi} \sin^2\Phi \, d\Phi \int_0^{2\pi} \cos\phi \, d\phi +$$

$$+ \int_0^2 r^2 dr \int_0^{\pi} \sin^3\Phi \, d\Phi \int_0^{2\pi} \cos\phi \sin\phi \, d\phi = 32\frac{\pi}{3}, \quad \text{por lo tanto:}$$

$$\int_s \vec{F} * \vec{ds} = 32\frac{\pi}{3}$$

Ejercicios de Física 1: Cálculo Vectorial

57: integral de contorno

Si:

$$\vec{F}=(2x+y-2z)\vec{i}+(2x-4y+z^2)\vec{j}+(x-2y-z^2)\vec{k}$$

Calcular:

$\oint_c \vec{F}*\vec{dr}$, donde **c** es la circunferencia de centro en **(0,0,3)** y **radio 5** en el plano $z=3$

SOLUCIÓN:

$\oint_c \vec{F}*\vec{dr} = \int_s rot\,\vec{F}*\vec{ds}$ y como:

$$rot\,\vec{F} = \begin{vmatrix} \vec{i} & \vec{j} & \vec{k} \\ \partial/\partial x & \partial/\partial y & \partial/\partial z \\ 2x+y-2z & 2x-4y+z^2 & x-2y-z^2 \end{vmatrix} = (2-2z)\vec{i}-3\vec{j}+\vec{k}, \; y\;así:$$

$\int_x rot\,\vec{F}*\vec{ds} = \int_s rot\,\vec{F}*\vec{k}\,ds = \int_s ds$,   donde: $\vec{ds}=\vec{k}\,ds$ $\Rightarrow$

$\int_s ds = s = \pi\,25^2$, y por lo tanto:

$\oint_c \vec{F}*\vec{dr} = 25^2\pi$

58: integral de contorno sobre una curva

Si: $\vec{F}=(x^3-y^3)\vec{i}+2xy^2\vec{j}+xyz\vec{k}$, calcular: $\oint_c \vec{F}*\vec{dr}$, donde **c** es la curva cerrada del plano $z=0$ limitada por el eje **OX**, la recta $x=3$ y la curva $y=x$.

SOLUCIÓN:

Aplicando el Teorema de Stokes, por una parte:

$$rot\,\vec{F} = \begin{vmatrix} \vec{i} & \vec{j} & \vec{k} \\ \partial/\partial x & \partial/\partial y & \partial/\partial z \\ x^3-y^3 & 2xy^2 & xyz \end{vmatrix} = xz\,\vec{i} - yz\,\vec{j} + 5y^2\vec{k}, \quad y\ como:\ \vec{ds} = \vec{k}*ds, \quad así:$$

$$\int_s rot\,\vec{F} * \vec{ds} = \int_s rot\,\vec{F} * \vec{k}\,ds = \int_s 5y^2\,ds \;\Rightarrow$$

$$\int_s rot\,\vec{F} * \vec{ds} = \int_0^3 \int_0^x 5y^2\,dy\,dx = \int_0^3 (5y^3/3)\Big|_0^x dx = \int_0^3 (5x^3/3)\,dx =$$

$$= \frac{5x^4}{3}4\Big|_0^3 = \frac{5}{4}3^3 \quad, y\ por\ el\ citado\ teorema: \int_s rot\,\vec{F}*\vec{ds} = \oint_c \vec{F}*\vec{dr}, \quad entonces:$$

$$\oint_c \vec{F}*\vec{dr} = 33,75$$

Por otra parte:

$$\oint_c \vec{F}*\vec{dr} = \int F_x\,dx + \int F_y\,dy + \int F_z\,dz = \int (x^3-y^3)dx + \int 2xy^2\,dy =$$

$$= \int_{AB} x^3\,dx + \int_{BC} 6y^2\,dy + \int_{CA} (x^3-x^3)\,dx + \int_{CA} 2y^3\,dy =$$

$$= \int_0^3 x^3\,dx + \int_0^3 6y^2\,dy + 0 + \int_3^0 2y^3\,dy = 5\frac{3^3}{4} = 33,75$$

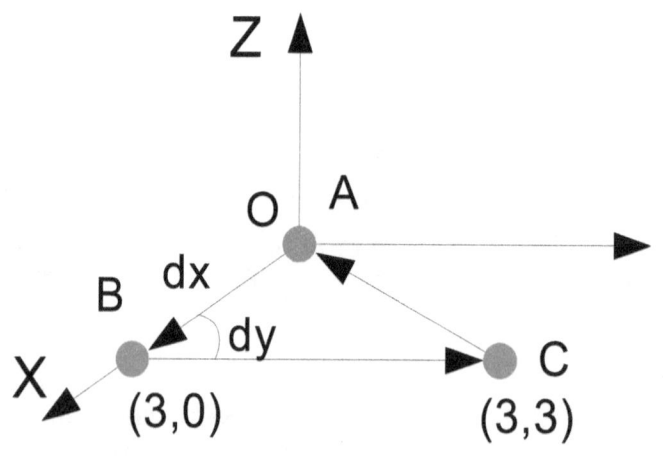

Ejercicios de Física 1: Cálculo Vectorial

59: campo conservativo

Demostrar que: $\vec{F}=(\sin y+z)\vec{i}+(x\cos y-z)\vec{j}+(x-y)\vec{k}$ es un campo conservativo.

Encontrar Φ, tal que: $\vec{F}=\overrightarrow{grad\,\Phi}$, calcular además: $\int_A^B \vec{F}*\vec{dr}$, donde: $A(1,0,2)$ y $B(2,\pi/2,3)$

SOLUCIÓN:

$rot\,\vec{F}=\begin{vmatrix} \vec{i} & \vec{j} & \vec{k} \\ \partial/\partial x & \partial/\partial y & \partial/\partial z \\ \sin y+z & x\cos y-z & x-y \end{vmatrix}=0 \Rightarrow$ es un campo irrotacional y

$\vec{F}$ es un campo conservativo

Si: $\vec{F}=\overrightarrow{grad\,\Phi}$, entonces:

$F_x=\dfrac{\partial\Phi}{\partial x}=\sin y+z;\quad F_y=\dfrac{\partial\Phi}{\partial y}=x\cos y-z;\quad F_z=\dfrac{\partial\Phi}{\partial z}=x-y$

$\Phi=\int(\sin y+z)dx=x\sin y+xz+f(y,z)=\int(x\cos y-z)dy=$
$=x\sin y-zy+f(x,z)=\int(x-y)dz=xz-yz+f(x,y)=$
$=x\sin y+xz+f(y,z)=x\sin y-zy+f(x,z)=xz-yz+f(x,y) \Rightarrow$
$\Rightarrow f(y,z)-zy;\quad f(x,z)=xz;\quad f(x,y)=x\sin y;\quad$ entonces:

$\Phi=xz-yz+x\sin y$

$\int_A^B \vec{F}*\vec{dr}=\int_A^B \overrightarrow{grad\,\Phi}*\vec{dr}=\Phi_B-\Phi_A \Rightarrow \int_A^B \vec{F}*\vec{dr}=6-\dfrac{3\pi}{2}$

60: ejemplo de campo conservativo

Probar que $\vec{F}=r^2*\vec{r}$ es un campo conservativo y calcular:

$\int_A^B \vec{F}*\vec{dr}$, donde $A(0,0,0)$ y $B(2,0,0)$

61: derivada direccional

Calcular la derivada direccional de $\Phi = 4x^2yz^2 + 2$ en el punto **(P) (1,2,1)** en la dirección del vector: $\vec{v} = \vec{i} - 2\vec{j} + 2\vec{k}$

SOLUCIÓN:

$$\overrightarrow{grad\,\Phi} = \overrightarrow{\nabla\Phi} = \frac{\partial\Phi}{\partial x}\vec{i} + \frac{\partial\Phi}{\partial y}\vec{j} + \frac{\partial\Phi}{\partial z}\vec{k} = 8xyz^2\vec{i} + 4x^2z^2\vec{j} + 8x^2yz\vec{k}$$

$\overrightarrow{\nabla\Phi}_{(P)} = 16\vec{i} + 4\vec{j} + 16\vec{k}$, como: $\|\vec{v}\| = 3$, entonces:

$$\vec{r}_o = \frac{1}{3}(\vec{i} - 2\vec{j} + 2\vec{k}), \text{ y así: } \frac{d\Phi}{dr} = \frac{16}{3} - \frac{8}{3} + \frac{32}{3}, \Rightarrow \frac{d\Phi}{dr} = \frac{40}{3}$$

62: circulación en trayectorias

Dado el vector: $\vec{v} = xy\vec{i} + x^2y^2\vec{j} + (xz - y)\vec{k}$, calcular la circulación a lo largo de dos trayectorias dadas por:

a) La recta que pasa por **(1,2,1)** y **(2,1,2)**

b) La recta $x = t^2$; $y = 2t$; $z = t^3$, desde $t=0$ hasta $t=1$

SOLUCIONES:

$$C = \int_c \vec{v} * \vec{dr} = \int v_x\,dx + \int v_y\,dy + \int v_z\,dz$$

a) *La recta es:* $3 - y = x$; $3 - z = y$; $x = z$ así:

$$C = \int_1^2 x(3-x)\,dx + \int_2^1 (3-y)^2 y^2\,dy + \int_1^2 (z^2 - (3-z))\,dz \Rightarrow$$

$$\Rightarrow C_T = (3\frac{x^2}{2} - \frac{x^3}{3})\Big|_1^2 + (3y^3 - \frac{3}{2}y^4 + \frac{1}{5}y^5)\Big|_2^1 + (\frac{z^3}{3} - 3z - \frac{1}{2}z^2)\Big|_1^2 \Rightarrow$$

Ejercicios de Física 1: Cálculo Vectorial

$C_T = -1,7$

b) $x=t^2$ ⇒ $dx=2t\,dt$; $y=2t$ ⇒ $dy=2dt$; $z=t^3$ ⇒ $dz=3t^2 dt$, entonces:

$$C_T = \int_0^1 t^2\,2t\,dt + \int_0^1 t^4\,4t^2\,2dt + \int_0^1 (t^2 t^3 - 2t)3t^2\,dt \Rightarrow$$

$C_T = 0,81$

63: rotacional, gradiente y divergencia

Siendo $\vec{A} = (z-2y)\vec{i} + x^2 z\,\vec{j} + 3z^3\vec{k}$ y siendo: $\Phi = 2x - 3yz^2$,

Calcular:

a) $Rot\,\vec{A}$
b) $\vec{\nabla} \times (\vec{\nabla} \times \vec{A})$
c) $Rot\,\overrightarrow{grad\,\Phi}$
d) $DivRot\,\vec{A}$ en $(0,0,1)$

SOLUCIONES:

a) $rot\,\vec{A} = \begin{vmatrix} \vec{i} & \vec{j} & \vec{k} \\ \frac{\partial}{\partial x} & \frac{\partial}{\partial y} & \frac{\partial}{\partial z} \\ z-2y & x^2 z & 3z^3 y \end{vmatrix} = (3z^3 - x^2)\vec{i} + \vec{j} + (2xz+2)\vec{k}$

b) $\vec{\nabla} \times \vec{A} = rot\,\vec{A}$ ⇒ $\vec{\nabla} \times (\vec{\nabla} \times \vec{A}) = \vec{\nabla} \times rot\,\vec{A}$ ⇒

$\vec{\nabla} \times (\vec{\nabla} \times \vec{A}) = \begin{vmatrix} \vec{i} & \vec{j} & \vec{k} \\ \frac{\partial}{\partial x} & \frac{\partial}{\partial y} & \frac{\partial}{\partial z} \\ 3z^3 - x^2 & 1 & 2xz+2 \end{vmatrix} = (2z - 9z^2)\vec{j}$

c) $rot\overrightarrow{grad\,\Phi} = rot\overrightarrow{\nabla\Phi} = \vec{\nabla}\times\overrightarrow{\nabla\Phi}$ y como: $\vec{\nabla}\,//\,\overrightarrow{\nabla\Phi}$, entonces:

$$Rot\overrightarrow{grad\,\Phi} = \vec{\nabla}\times\overrightarrow{\nabla\Phi} = 0$$

d) $DivRot\vec{A} = \dfrac{\partial\,rot_x\vec{A}}{\partial x} + \dfrac{\partial\,rot_y\vec{A}}{\partial y} + \dfrac{\partial\,rot_z\vec{A}}{\partial z} = 0$

64: coordenadas esféricas

Demostrar que el sistema de coordenadas esféricas es **ortogonal**.

SOLUCIÓN:

Hay que demostrar que:
$\vec{u}_r * \vec{u}_\Phi = 0$
$\vec{u}_\Phi * \vec{u}_\varphi = 0$
$\vec{u}_r * \vec{u}_\varphi = 0$

Como: $\vec{R} = r\sin\varphi\cos\Phi\,\vec{i} + r\sin\varphi\sin\Phi\,\vec{j} + r\cos\varphi\,\vec{k}\ \Rightarrow$
$x = r\sin\varphi\cos\Phi;\ \ y = r\sin\varphi\sin\Phi;\ \ z = r\cos\varphi \qquad \Rightarrow$

$\vec{u}_r = \dfrac{\dfrac{\partial\vec{R}}{\partial r}}{//\dfrac{\partial\vec{R}}{\partial r}//} = \dfrac{\sin\varphi\cos\Phi\,\vec{i} + \sin\varphi\sin\Phi\,\vec{j} + \cos\varphi\,\vec{k}}{\sqrt{\sin^2\varphi\cos^2\Phi + \sin^2\varphi\sin^2\Phi + \cos^2\varphi}} =$
$= \sin\varphi\cos\Phi\,\vec{i} + \sin\varphi\sin\Phi\,\vec{j} + \cos\varphi\,\vec{k}$

$\vec{u}_\varphi = \dfrac{\dfrac{\partial\vec{R}}{\partial\varphi}}{//\dfrac{\partial\vec{R}}{\partial\varphi}//} = \dfrac{r\cos\varphi\cos\Phi\,\vec{i} + r\cos\varphi\sin\Phi\,\vec{j} - r\sin\varphi\,\vec{k}}{\sqrt{r^2\cos^2\varphi\cos^2\Phi + r^2\cos^2\varphi\sin^2\Phi + r^2\sin^2\varphi}} =$
$= \cos\varphi\cos\Phi\,\vec{i} + \cos\varphi\sin\Phi\,\vec{j} - \sin\varphi\,\vec{k}$

Ejercicios de Física 1: Cálculo Vectorial

$$\vec{u}_\Phi = \frac{\frac{\partial \vec{R}}{\partial \Phi}}{\left\|\frac{\partial \vec{R}}{\partial \Phi}\right\|} = \frac{-r\sin\phi\sin\Phi\,\vec{i} + r\sin\phi\cos\Phi\,\vec{j}}{\sqrt{r^2\sin^2\phi\sin^2\Phi + r^2\sin^2\phi\cos^2\Phi}} =$$
$$= -\sin\Phi\,\vec{i} + \cos\Phi\,\vec{j}$$

$\vec{u}_r * \vec{u}_\Phi = (-\sin\Phi\,\vec{i} + \cos\Phi\,\vec{j})*(\sin\phi\cos\Phi\,\vec{i} + \sin\phi\sin\Phi\,\vec{j} + \cos\phi\,\vec{k}) =$
$= -\sin\phi\cos\Phi\sin\Phi + \sin\phi\sin\Phi\cos\Phi = 0$

$\vec{u}_\Phi * \vec{u}_\phi = (-\sin\Phi\,\vec{i} + \cos\Phi\,\vec{j})*(\cos\phi\cos\Phi\,\vec{i} + \cos\phi\sin\Phi\,\vec{j} - \sin\phi\,\vec{k}) =$
$= -\sin\Phi\cos\phi\cos\Phi + \cos\phi\cos\Phi\sin\Phi = 0$

$\vec{u}_r * \vec{u}_\phi = (\sin\phi\cos\Phi\,\vec{i} + \sin\phi\sin\Phi\,\vec{j} + \cos\phi\,\vec{k}) *$
$*(\cos\phi\cos\Phi\,\vec{i} + \cos\phi\sin\Phi\,\vec{j} - \sin\phi\,\vec{k}) =$
$= \sin\phi\cos\phi\cos^2\Phi + \sin\phi\cos\phi\sin^2\Phi - \cos\phi\sin\phi =$
$= \sin\phi\cos\phi(\cos^2\Phi + \sin^2\Phi) - \cos\phi\sin\phi = 0$

Por lo tanto el sistema de coordenadas esféricas **es ortogonal**.

☉☉☉

Anexos

Ejercicios de Física 1: Cálculo Vectorial

Significado de los operadores

$\vec{a}$	vector a
$\overline{ab}$	segmento ab
$\vec{a} * \vec{b}$	producto escalar de vectores.
$\vec{a} \times \vec{b}$	producto vectorial de vectores.
$\|x\|$	módulo del vector x
$|x|$	valor absoluto de x
$a \perp b$	a y b son perpendiculares.
$a \| b$	a y b son paralelos.
$a \equiv b$	a y b son equivalentes.
∂	derivada parcial.
∇	operador Nabla.
$a \approx b$	aproximación.
$\oint$	integral de contorno.
$\left. \right|_b^a$	evaluación entre a y b
$\forall$	para todo.

⊖⊖⊖

Gregorio Chenlo Romero (gregochenlo.blogspot.com)

*Otros títulos del autor

 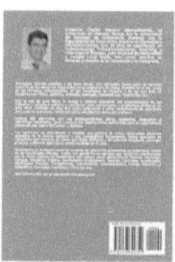  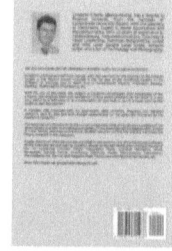

*Bibliografía recomendada

"Análisis Vectorial", S. Simons
"Problemas de cálculo vectorial", J.M. Clement
"Análisis Vectorial", Murray R. Spiegel
"Física General", Felix A. Gonzalez
"Problemas de Física", J. García Roger
"Física General y Experimental", Goldenberg
"Pruebas de acceso: Física", F. G. Pérez
"Cálculo superior", Murray R. Spiegel
"Física", Haliday
"Física", Gaskenhouse
"Problemas de Física", Aguilar y Casanova
"Problemas de Física", Gullan

⊖⊖⊖

Gregorio Chenlo Romero (gregochenlo.blogspot.com)

*Agradecimientos

Muchas gracias por comprar y especialmente por leer este libro. Mi intención siempre ha sido ayudar y compartir experiencias con otras personas como tú.

Espero que te haya gustado o te haya servido para consolidar conocimientos, superar exámenes o preparar clases, pero sobre todo espero que te haya servido para pasar algún rato entretenido aprendiendo Física.

Te agradezco cualquier sugerencia que quieras comentar, para ello lo puedes indicar en mi blog en:

gregochenlo.blogspot.com

Si te ha gustado el libro, agradezco las cinco estrellas en www.amazon.es que me ayudarán a continuar mejorando mis libros y también a otros lectores a encontrarlo más fácilmente y a conocerlo con más detalle.

Nuevamente muchísimas gracias.

☺☺☺

Ejercicios de Física 1: Cálculo Vectorial

Notas: (v1)

www.ingramcontent.com/pod-product-compliance
Lightning Source LLC
Chambersburg PA
CBHW031545210526
45464CB00003B/1153